U0259478

高等职业教育化工技术类专业"十二五"规划教材

化工应用数学

Applied Mathematics in Chemical Engineering

主 编 陶印修 陈 超

天津大学出版社
TIANJIN UNIVERSITY PRESS

内 容 简 介

本书结合高等职业院校化工技术类专业的人才培养目标,按照化工技术类专业对数学基础理论课程的要求编写.

本书注重案例引导教学内容的安排模式,且有关化工方面案例较多.本书内容包括函数与极限、一元函数微分学及应用、一元函数积分学及应用,每章各节附有训练任务,每章最后附有能力训练项目,由易到难,方便学生巩固所学知识,培养学生自主学习的能力.

本书可作为高职高专院校化工技术类专业教科书,也可作为高等院校其他相关专业的教学参考书.

图书在版编目(CIP)数据

化工应用数学/陶印修,陈超主编.—天津:天津大学出版社,2012.8(2018.1 重印)
高等职业教育化工技术类专业"十二五"规划教材
ISBN 978 - 7 - 5618 - 4429 - 8

Ⅰ.①化… Ⅱ.①陶…②陈… Ⅲ.①化学工业-应用数学 Ⅳ. ①TQ011

中国版本图书馆 CIP 数据核字(2012)第 197432 号

出版发行	天津大学出版社	
地 址	天津市卫津路 92 号天津大学内(邮编:300072)	
电 话	发行部:022 - 27403647	
网 址	publish. tju. edu. cn	
印 刷	天津泰宇印务有限公司	
经 销	全国各地新华书店	
开 本	185mm×260mm	
印 张	8.75	
字 数	218 千	
版 次	2012 年 9 月第 1 版	
印 次	2018 年 1 月第 4 次	
印 数	1 - 3 000	
定 价	25.00 元	

前　言

近些年,我国的高等职业教育事业发展迅速,高职高专院校数量占高等院校数量的一半,其中开办化工技术类专业学校的数量和在校生规模都有大幅度的增加.本书就是为了适应高等职业教育快速发展和高等职业教育培养高技能应用型人才的需要,适应高等职业教育大众化发展的趋势,结合高等职业院校化工技术类专业的人才培养目标,在认真总结化工应用数学课程教学改革经验的基础上编写而成.

在本书编写过程中我们努力做到以下几点.

(1)严格按照化工技术类专业对数学基础理论课程的要求编写.

(2)改变了以"学科为导向、知识为目标、教师为主体、逻辑为载体"的传统课堂教学模式,注重案例引导教学内容的安排模式,有关化工方面案例较多.采用以案例引入概念,了解概念并最终回到数学应用的思想,加强对学生的数学应用意识、兴趣及能力培养.培养学生用数学的原理和方法消化吸收专业知识的能力.

(3)缓解课时少与教学内容多的矛盾,恰当把握教学内容的深度和广度,仅涉及一元函数的极限、连续、微分及积分的内容,遵循基础课理论知识以"必需、够用为度"的教学原则,不过分追求理论上的系统性和严密性,尽可能显示微积分的直观性和应用性.

(4)每章最后附有能力训练项目,由易到难,方便学生巩固所学知识,培养学生自主学习的能力.

本书包括函数与极限、一元函数微分学及应用、一元函数积分学及应用三部分,建议学时为56学时.

本书由陶印修、陈超担任主编,王莹、马幼梅担任副主编,赵红、徐云、王军参与编写.本书在编写过程中,得到天津渤海职业技术学院领导和基础教学部领导的大力支持与帮助,是在数学教研室教师们的共同努力下完成的,在此表示衷心的感谢.

由于编者水平有限,书中定存不足之处,衷心希望同行及读者批评指正,使本书在教学实践中不断完善.

编　者
2012 年 5 月

目　　录

第1章 函数与极限

微积分是数学的重要分支,是高等数学的核心. 函数与极限则是微积分研究的对象与工具. 本章内容是在中学数学知识的基础上,对函数的概念及性质作进一步阐述,并介绍基本初等函数及初等函数的概念与性质,研究函数的极限及函数的连续性. 这些内容都是学习高等数学课程的重要基础,所涉及的数学思想、方法具有重要的启迪和引导作用.

1.1 函数

函数是数学中最重要的概念之一,是研究各种变量之间关系的重要工具,同时也是高等数学研究的主要对象.

1.1.1 函数的概念

在观察一个现象或一个过程时,往往会遇到几个变量,这些变量不是孤立存在的,而是相互联系、按照一定的规律变化的,这就是下面所要学习的函数.

例1 半径为 r 的圆,面积 S 与 r 的关系为

$$S = \pi r^2.$$

当半径 r 在 $(0, +\infty)$ 内取定某一值时,由上式可唯一确定面积 S 的值.

例1 中有两个变量,且变量之间有确定的对应关系. 当一个变量在一定范围内取定一个值后,由这个变量关系就可以得到另一变量所唯一对应的值. 两个变量间的这种关系,称为函数.

1. 函数定义

设在某个变化过程中有两个变量 x 和 y,D 是一个给定的数集. 若对于每个 $x \in D$,按照某种对应法则 f,y 总有唯一确定的值与它对应,则称 f 是定义在 D 上的一个**函数**(function). 一般将函数记作 $y = f(x)$(函数符号 $y = f(x)$ 是由德国数学家**莱布尼茨**(1646—1716)在 18 世纪引入的),其中把 x 称为**自变量**,y 称为**因变量**或**函数**.

数集 D 称为函数 $f(x)$ 的**定义域**. 定义域常用区间或集合表示.

当 x 取定 D 中的值 x_0 时,与 x_0 对应的 y 值称为函数 $f(x)$ 在 x_0 处的**函数值**,函数值记作 $f(x_0)$ 或 $y|_{x=x_0}$(记号 $|_{x=a}$ 称为赋值记号,它表示要计算符号左边表达式在 $x = a$ 处的值).

对应于自变量 $x \in D$ 的函数值的全体,称为函数的**值域**,值域用字母 R 表示,即

$$R = \{y \mid y = f(x), x \in D\}.$$

通常函数有 3 种表示方法:**解析法、表格法、图像法**.

在例1 这个实际问题中,S 是 r 的函数,其定义域由实际意义来决定,即 D 是 $(0, +\infty)$;而在一般的用解析法表示的函数中,求函数的定义域一般需遵循以下几个原则(下述情况同时在某函数中出现,应取其交集):

(1)分式的分母不能为 0;

(2)偶次根号下的表达式必须大于或等于 0;

(3)对数的真数必须大于 0;

1

（4）arcsin x 或 arccos x 中的 x 满足 $|x| \leqslant 1$.

根据函数的定义，函数的定义域和对应法则是确定函数的**两个要素**. 两个函数相同就是指这两个函数的定义域和对应法则都相同，与函数中的变量用什么字母表示无关；否则，两个函数不同.

例如，当 $r \in (0, +\infty)$、$x \in (0, +\infty)$ 时，$S = \pi r^2$ 和 $y = \pi x^2$ 表示同一个函数.

例2 求下列函数的定义域.

$(1) y = \dfrac{\sqrt{3+x}}{9-x^2}$；$(2) y = \ln \dfrac{x}{x-1}$；$(3) y = \arccos \dfrac{x-1}{2}$；$(4) y = \sqrt{x^3 - x^2}$.

解 （1）由 $\begin{cases} 3+x \geqslant 0, \\ 9-x^2 \neq 0, \end{cases}$ 得 $-3 < x < 3$ 或 $3 < x < +\infty$，故函数的定义域为 $(-3, 3) \cup (3, +\infty)$.

（2）由 $\begin{cases} \dfrac{x}{x-1} > 0, \\ x-1 \neq 0, \end{cases}$ 得 $x > 1$ 或 $x < 0$，故函数的定义域为 $(-\infty, 0) \cup (1, +\infty)$.

（3）由 $-1 \leqslant \dfrac{x-1}{2} \leqslant 1$，得 $-1 \leqslant x \leqslant 3$，故函数的定义域为 $[-1, 3]$.

（4）由 $x^3 - x^2 \geqslant 0$，即 $x^2(x-1) \geqslant 0$，即 $x^2(x-1) > 0$ 或 $x^2(x-1) = 0$，解得 $x \neq 0$ 且 $x - 1 > 0$ 或 $x = 0$ 或 $x = 1$，进一步解得 $x > 1$ 或 $x = 0$ 或 $x = 1$，故该函数的定义域为 $\{0\} \cup [1, +\infty)$.

例3 设 $f(x) = \sqrt{1+x^2}$，求 $f(0)$，$f(1)$，$f(-1)$，$f\left(\dfrac{1}{a}\right)$ $(a \neq 0)$.

解 $f(0) = \sqrt{1+0^2} = 1$；$f(1) = \sqrt{1+1^2} = \sqrt{2}$；$f(-1) = \sqrt{1+(-1)^2} = \sqrt{2}$；

$$f\left(\dfrac{1}{a}\right) = \sqrt{1 + \left(\dfrac{1}{a}\right)^2} = \sqrt{\dfrac{a^2+1}{a^2}} = \dfrac{1}{|a|}\sqrt{1+a^2}.$$

例4 判断下列各组中的两个函数是否相同，为什么？

$(1) y = \dfrac{x^2-4}{x+2}$ 和 $y = x-2$；　　　　$(2) y = \sin x$ 和 $y = \sqrt{1-\cos^2 x}$；

$(3) y = 2u+5$ 和 $h = 2t+5$；　　　　$(4) f(x) = \lg x^2$ 和 $g(x) = 2\lg x$.

解 （1）$y = \dfrac{x^2-4}{x+2}$ 的定义域为 $x \neq -2$，而 $x-2$ 的定义域为 $x \in \mathbf{R}$；因为定义域不同，所以这两个函数不同.

（2）虽然 $y = \sin x$ 和 $y = \sqrt{1-\cos^2 x}$ 的定义域相同，都是 $\mathbf{R}$，但它们的对应法则不同，$y = \sqrt{1-\cos^2 x} = |\sin x|$；因为对应法则不同，所以这两个函数不同.

例如，当 $x = \dfrac{7\pi}{6}$ 时，$y = \sin x$ 的函数值为 $-\dfrac{1}{2}$，而 $y = \sqrt{1-\cos^2 x} = |\sin x|$ 的函数值为 $\dfrac{1}{2}$. 可见，两个函数不同.

（3）虽然表示 $y = 2u+5$ 和 $h = 2t+5$ 的变量字母不同，但它们的定义域和对应法则都相同. 因此，这两个函数相同.

(4)$f(x) = \lg x^2$ 的定义域是 $(-\infty, 0) \cup (0, +\infty)$,而 $g(x) = 2\lg x$ 的定义域是 $(0, +\infty)$;因为定义域不同,所以这两个函数不同.

如果将 $f(x)$ 的定义域限制在 $(0, +\infty)$ 内,那么 $f(x)$ 与 $g(x)$ 就是同一个函数.

2. 分段函数

在定义域的不同范围内用不同的解析式表示的函数称为**分段函数**.

例如,绝对值函数 $y = |x| = \begin{cases} x, & x \geq 0, \\ -x, & x \leq 0, \end{cases}$ 符号函数 $y = \operatorname{sgn} x = \begin{cases} -1, & x < 0, \\ 0, & x = 0, \\ 1, & x > 0, \end{cases}$

都是定义域为 $(-\infty, +\infty)$ 的分段函数,如图 1-1 和图 1-2 所示.

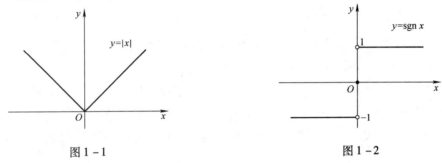

图 1-1   图 1-2

例 5 设分段函数 $f(x) = \begin{cases} x, & 0 \leq x < 2, \\ -x+4, & 2 \leq x < 4, \\ x-4, & 4 \leq x \leq 6, \end{cases}$ 确定其定义域,求 $f(1)$,$f(3)$,$f(6)$,并作出其图像.

解 函数的定义域为 $[0,2) \cup [2,4) \cup [4,6] = [0,6]$.

因 $1 \in [0,2)$,则 $f(1) = 1$;因 $3 \in [2,4)$,则 $f(3) = -3+4 = 1$;因 $6 \in [4,6]$,则 $f(6) = 6 - 4 = 2$.

其图像如图 1-3 所示.

注意 分段函数是两个或两个以上不同的解析式表示的函数,在其整个定义域内是一个函数,而不是几个函数. 因此,分段函数定义域是各段定义域的并集.

3. 反函数

在例 1 中,圆的面积 S 是半径 r 的函数,且 $S = \pi r^2$,这时对于自变量 $r \in (0, +\infty)$ 内的每一个值,都可以由 $S = \pi r^2$ 计算出面积 S 值.

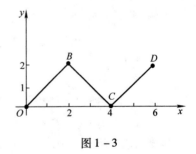

图 1-3

如果研究相反的问题,由圆的面积计算圆的半径,就应该把面积 S 看成自变量,把半径 r 看成因变量,并且 $r = \sqrt{\dfrac{S}{\pi}}$,$S \in (0, +\infty)$,称 $r = \sqrt{\dfrac{S}{\pi}}$ 为函数 $S = \pi r^2$ 的反函数.

一般地,反函数有如下定义.

定义 1 设 $y = f(x)$ 的定义域为 D,值域为 R. 若对于 R 中的每一个 y 值,按照某种对应法则 f^{-1},在 D 中有唯一确定的 x 值与之对应,则称 f^{-1} 为定义在 R 上的以 y 为自变量的函数,称其为 $y=f(x)$ 的**反函数**,记作 $x=f^{-1}(y)$ $(y\in R)$,而称 $y=f(x)$ 为**直接函数**(由于微积分中对原函数概念有专门的定义,所以不能称 $y=f(x)$ 为原函数).

习惯上,总用 x 表示自变量,y 表示因变量,因此 $y=f(x)$ 的反函数 $x=f^{-1}(y)$(**本义反函数**)通常写成 $y=f^{-1}(x)$ $(x\in R)$,称为**矫形反函数**.

在直角坐标系中,直接函数 $y=f(x)$ 与其矫形反函数 $y=f^{-1}(x)$ 的图形关于直线 $y=x$ 对称,而直接函数 $y=f(x)$ 与其本义反函数 $x=f^{-1}(y)$ 的图形为同一个.

例 6 求函数 $y=2x+3$ 的反函数.

解 由 $y=2x+3$ 解出 x,得 $x=\dfrac{1}{2}(y-3)$,将 y 与 x 互换,得 $y=\dfrac{1}{2}(x-3)$,故函数 $y=2x+3$ 的反函数为 $y=\dfrac{1}{2}(x-3)$.

利用反函数的定义,可以判断一个函数是否存在反函数.

例如,函数 $y=x^2$ 在区间 $(-\infty,+\infty)$ 上没有反函数.

事实上,由 $y=x^2$ 解出 x,得 $x=\pm\sqrt{y}$,其中的 x 不唯一(把 $x=\pm\sqrt{y}$ 称为**多值函数**),故函数 $y=x^2$ 在区间 $(-\infty,+\infty)$ 上没有反函数. 但是,当 $x\in(-\infty,0]$ 时,$y=x^2$ 有反函数 $f^{-1}(x)=-\sqrt{x},x\in[0,+\infty)$;当 $x\in[0,+\infty)$ 时,$y=x^2$ 有反函数 $f^{-1}(x)=\sqrt{x},x\in[0,+\infty)$.

要知道,反函数是构造出来的,如对数函数是指数函数的反函数. 反函数的概念提供了构造新函数的第一个方法,反三角函数就是借助反函数的概念从三角函数中构造出来的. 后面讲的函数的单调性对理解反函数会大有帮助.

4. Δ 符号

用记号 Δx 表示自变量从 x_0 到 x 的**增量**或**改变量**,即 $\Delta x=x-x_0$. 由此可得

$$x=x_0+\Delta x.$$

当自变量从 x_0 变到 x 时,因变量从 y_0 变到 y,Δy 为相应的因变量的改变量,则

$$\Delta y=y-y_0=f(x)-f(x_0)=f(x_0+\Delta x)-f(x_0).$$

例如,函数 $y=f(x)=x^2$,$x_0=2$,$\Delta x=1$,则

$$\Delta y=f(x_0+\Delta x)-f(x_0)=f(3)-f(2)=3^2-2^2=5.$$

1.1.2 函数的特性

1. 函数的单调性

定义 2 设函数 $y=f(x)$ 在区间 (a,b) 内有定义. 若对于区间 (a,b) 内任意两点 x_1,x_2,当 $x_1<x_2$ 时,有 $f(x_1)<f(x_2)$,则称 $y=f(x)$ 在区间 (a,b) 内单调增加,(a,b) 称为函数 $y=f(x)$ 的**单调增加区间**;当 $x_1<x_2$ 时,有 $f(x_1)>f(x_2)$,则称 $y=f(x)$ 在区间 (a,b) 内单调减少,(a,b) 称为函数 $y=f(x)$ 的**单调减少区间**.

单调增加函数与单调减少函数统称为**单调函数**.

单调增加区间与单调减少区间统称为**单调区间**.

单调增函数的图像沿 x 轴正向逐渐上升,如图 1-4 所示;单调减函数的图像沿 x 轴正向逐渐下降,如图 1-5 所示.

例 7 证明 $f(x)=\dfrac{1}{x}$ 在区间 $(-1,0)$ 内单调减少.

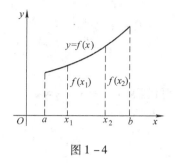

图 1-4

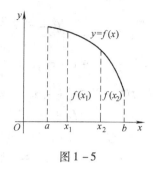

图 1-5

证明 在区间 $(-1,0)$ 内任取两点 x_1 和 x_2,不妨设 $x_1 < x_2$.

因为 $f(x_2) - f(x_1) = \dfrac{1}{x_2} - \dfrac{1}{x_1} = \dfrac{x_1 - x_2}{x_1 x_2} < 0$,所以 $f(x_1) > f(x_2)$.

根据函数单调减少的定义可知,$f(x) = \dfrac{1}{x}$ 在区间 $(-1,0)$ 单调减少,单调函数必存在反函数,且反函数的单调性与直接函数的单调性一致.

2. **函数的奇偶性**

定义3 设函数 $y = f(x)$ 的定义域 D 关于原点对称.

(1)若对于任意的 $x \in D$,有 $f(-x) = f(x)$,则称 $f(x)$ 为**偶函数**;

(2)若对于任意的 $x \in D$,有 $f(-x) = -f(x)$,则称 $f(x)$ 为**奇函数**;

(3)若对于任意的 $x \in D$,$f(x)$ 既非奇函数,也非偶函数,则称 $f(x)$ 为**非奇非偶函数**.

不仅可以利用函数的奇偶性定义判定函数的奇偶性,而且可以利用下面讲的奇偶函数的图像特点判定函数的奇偶性(前提是容易知道函数的图像).

奇偶函数的图像特点如下:

(1)偶函数的图像关于 y 轴对称,如图 1-6(a)所示;

(2)奇函数的图像关于原点对称,如图 1-6(b)所示.

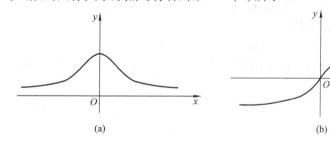

(a)   (b)

图 1-6

例8 判断如下函数的奇偶性:

(1)$f(x) = x^2 + 1$;   (2)$f(x) = \dfrac{e^x - e^{-x}}{2}$;   (3)$f(x) = 3x^3 - x + 1$.

解 (1)函数的定义域为 $(-\infty, +\infty)$,关于原点对称,对任意 $x \in (-\infty, +\infty)$,
$$f(-x) = (-x)^2 + 1 = x^2 + 1 = f(x),$$
因此 $f(x) = x^2 + 1$ 是 $(-\infty, +\infty)$ 上的偶函数.

(2)函数的定义域为 $(-\infty, +\infty)$,关于原点对称,对任意 $x \in (-\infty, +\infty)$,

5

$$f(-x) = \frac{e^{-x} - e^x}{2} = -\frac{e^x - e^{-x}}{2} = -f(x),$$

因此 $f(x) = \dfrac{e^x - e^{-x}}{2}$ 是 $(-\infty, +\infty)$ 上的奇函数.

（3）函数的定义域为 $(-\infty, +\infty)$，关于原点对称，对任意 $x \in (-\infty, +\infty)$，

$$f(-x) = 3(-x)^3 - (-x) + 1 = -3x^3 + x + 1,$$

由于 $f(-x) \neq -f(x)$，说明 $f(x)$ 非奇函数，又由于 $f(-x) \neq f(x)$，说明 $f(x)$ 非偶函数，因此 $f(x) = 3x^3 - x + 1$ 为 $(-\infty, +\infty)$ 上的非奇非偶函数.

3. 函数的有界性

定义 4 设函数 $y = f(x)$ 在区间 (a, b) 内有定义，若存在一个正数 M，使得对于区间 (a, b) 内的一切 x 值，对应的函数值 $y = f(x)$ 都有 $|f(x)| \leq M$ 成立，则称函数 $y = f(x)$ 在区间 (a, b) 内**有界**；若这样的 M 不存在，则称函数 $y = f(x)$ 在区间 (a, b) 内**无界**（函数是否有界，不仅与函数有关，而且与给定的区间有关）.

有界函数的图像必介于平行于 x 轴的两条直线 $y = \pm M$ 之间，如图 1-7 所示.

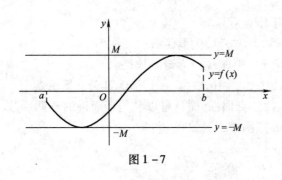

图 1-7

例如，函数 $y = \sin x$ 在 $(-\infty, +\infty)$ 内有界；函数 $y = \log_2 x$ 在 $(0, +\infty)$ 内无界；函数 $y = \dfrac{1}{x}$ 在 $[1, 2]$ 上有界，而在 $(0, 1)$ 内无界.

4. 函数的周期性

定义 5 对于函数 $y = f(x)$，若存在一个不为 0 的正数 T，使得对于定义域内的一切 x，等式 $f(x + T) = f(x)$ 都成立，则称 $f(x)$ 为**周期函数**，且 T 为函数 $f(x)$ 的周期.

显然，若 T 是函数 $f(x)$ 的周期，则 nT 也是函数 $f(x)$ 的周期 $(n = \pm 1, \pm 2, \cdots)$. 通常周期函数的周期指的是**最小正周期**.

例如，$y = \sin x$ 的周期 $T = 2\pi$，$y = \tan x$ 的周期 $T = \pi$.

从图像上看，周期为 T 的函数 $y = f(x)$ 的图像沿 x 轴相隔 T 个单位重复一次，如图 1-8 所示.

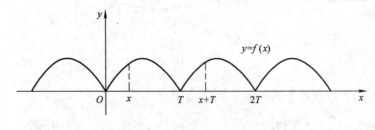

图 1-8

1.1.3 初等函数

1. 基本初等函数

定义 6 把常数函数、幂函数、指数函数、对数函数、三角函数、反三角函数这 6 种函数

叫做基本初等函数.

下面表格给出这6种函数的函数解析式、图像及主要性质.

1)常数函数

把函数 $y=c$（c 为常数）称为**常数函数**,其定义域为$(-\infty,+\infty)$.

常数函数的图像、主要性质见表 1-1.

表 1-1

图　像	主 要 性 质
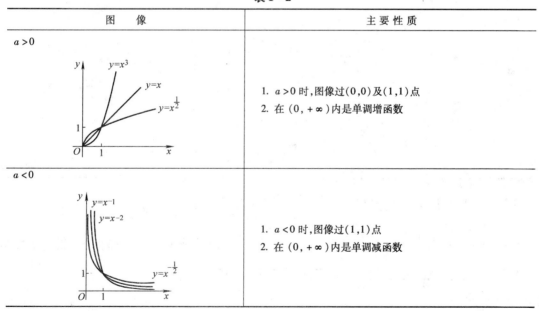	1. 偶函数（$c=0$ 时也是奇函数） 2. 有界

注意　也可以不把常数函数放在基本初等函数中,而把幂函数、指数函数、对数函数、三角函数、反三角函数这5种函数叫做基本初等函数. 以后谈到的基本初等函数就是指幂函数、指数函数、对数函数、三角函数、反三角函数这5种函数.

2)幂函数

把函数 $y=x^a$（a 为任意实数）称为**幂函数**,幂函数的定义域与 a 的值有关,但无论 a 取何值,$y=x^a$ 在$(0,+\infty)$内都有定义.

幂函数的图像、主要性质见表 1-2.

表 1-2

图　像	主 要 性 质
$a>0$ （图：$y=x^3$, $y=x$, $y=x^{\frac{1}{2}}$）	1. $a>0$ 时,图像过$(0,0)$及$(1,1)$点 2. 在$(0,+\infty)$内是单调增函数
$a<0$ （图：$y=x^{-1}$, $y=x^{-2}$, $y=x^{-\frac{1}{2}}$）	1. $a<0$ 时,图像过$(1,1)$点 2. 在$(0,+\infty)$内是单调减函数

注意　把函数 $y=[\varphi(x)]^a$（a 为任意实数）称为**幂函数型**.

3)指数函数

把函数 $y=a^x$（$a>0$ 且 $a\neq1$）称为**指数函数**,其定义域为 $(-\infty,+\infty)$.

指数函数的图像、主要性质见表 1-3.

表 1-3

图　像	主　要　性　质
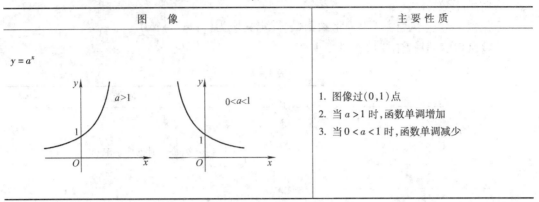	1. 图像过 $(0,1)$ 点 2. 当 $a>1$ 时,函数单调增加 3. 当 $0<a<1$ 时,函数单调减少

注意　把函数 $y=a^{\varphi(x)}(a>0$ 且 $a\neq1)$ 称为**指数函数型**.

4) 对数函数

把函数 $y=\log_a x(a>0$ 且 $a\neq1)$ 称为**对数函数**,其定义域为 $(0,+\infty)$. 特别地,当 $a=\mathrm{e}$ 时, $y=\ln x$ 称为**自然对数**;当 $a=10$ 时, $y=\lg x$ 称为**常用对数**.

对数函数的图像、主要性质见表 1-4.

表 1-4

图　像	主　要　性　质
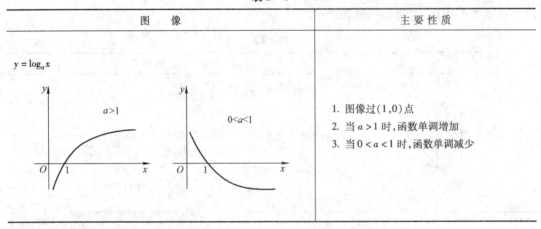	1. 图像过 $(1,0)$ 点 2. 当 $a>1$ 时,函数单调增加 3. 当 $0<a<1$ 时,函数单调减少

注意　把函数 $y=\log_a\varphi(x)(a>0$ 且 $a\neq1)$ 称为**对数函数型**.

5) 三角函数

把函数 $y=\sin x$, $y=\cos x$, $y=\tan x$, $y=\cot x$, $y=\sec x$, $y=\csc x$ 分别称为**正弦函数**,

余弦函数,**正切函数**,**余切函数**,**正割函数**,**余割函数**. 其中 $y=\sec x=\dfrac{1}{\cos x}$, $y=\csc x=\dfrac{1}{\sin x}$.

把正弦函数 $y=\sin x$,余弦函数 $y=\cos x$,正切函数 $y=\tan x$,余切函数 $y=\cot x$,正割函数 $y=\sec x$,余割函数 $y=\csc x$ 统称为**三角函数**.

前 4 种三角函数的图像、主要性质见表 1-5.

表 1 −5

图　像	主要性质
$y = \sin x$ 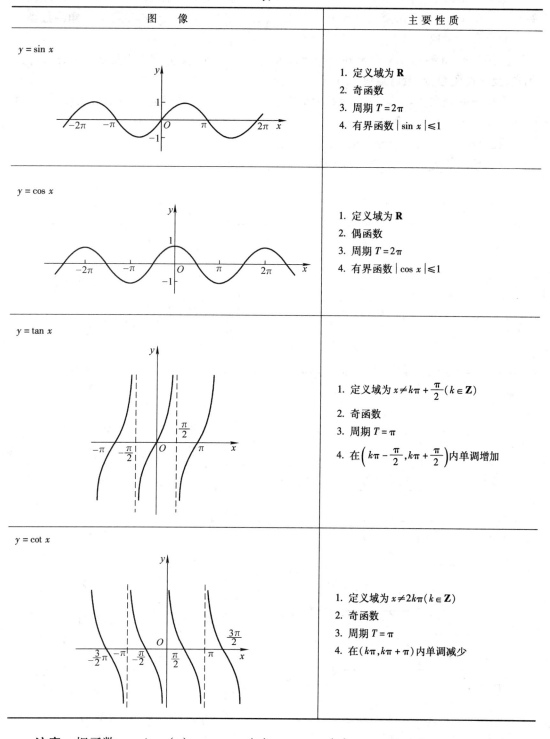	1. 定义域为 **R** 2. 奇函数 3. 周期 $T = 2\pi$ 4. 有界函数 $\mid \sin x \mid \leqslant 1$
$y = \cos x$	1. 定义域为 **R** 2. 偶函数 3. 周期 $T = 2\pi$ 4. 有界函数 $\mid \cos x \mid \leqslant 1$
$y = \tan x$	1. 定义域为 $x \neq k\pi + \dfrac{\pi}{2}(k \in \mathbf{Z})$ 2. 奇函数 3. 周期 $T = \pi$ 4. 在 $\left(k\pi - \dfrac{\pi}{2}, k\pi + \dfrac{\pi}{2} \right)$ 内单调增加
$y = \cot x$	1. 定义域为 $x \neq 2k\pi(k \in \mathbf{Z})$ 2. 奇函数 3. 周期 $T = \pi$ 4. 在 $(k\pi, k\pi + \pi)$ 内单调减少

　　注意　把函数 $y = \sin \varphi(x)$, $y = \cos \varphi(x)$, $y = \tan \varphi(x)$, $y = \cot \varphi(x)$, $y = \sec \varphi(x)$, $y = \csc \varphi(x)$ 分别称为**正弦函数型, 余弦函数型, 正切函数型, 余切函数型, 正割函数型, 余割函数型**.

把正弦函数型 $y = \sin \varphi(x)$,余弦函数型 $y = \cos \varphi(x)$,正切函数型 $y = \tan \varphi(x)$,余切函数型 $y = \cot \varphi(x)$,正割函数型 $y = \sec \varphi(x)$,余割函数型 $y = \csc \varphi(x)$ 统称为**三角函数型**.

6)反三角函数

把函数 $y = \arcsin x$, $y = \arccos x$, $y = \arctan x$, $y = \text{arccot} \, x$ 分别称为**反正弦函数**,**反余弦函数**,**反正切函数**,**反余切函数**.

把反正弦函数 $y = \arcsin x$,反余弦函数 $y = \arccos x$,反正切函数 $y = \arctan x$,反余切函数 $y = \text{arccot} \, x$ 统称为**反三角函数**.

反三角函数是三角函数在某个区间上的反函数.

反三角函数的图像、主要性质见表 $1 - 6$.

表 1 – 6

图 像	主 要 性 质
$y = \arcsin x$ 	1. 定义域为 $[-1,1]$,值域为 $\left[-\dfrac{\pi}{2}, \dfrac{\pi}{2}\right]$ 2. 奇函数,有界 3. 在 $[-1,1]$ 上单调增加
$y = \arccos x$ 	1. 定义域为 $[-1,1]$,值域为 $[0,\pi]$ 2. 有界 3. 在 $[-1,1]$ 上单调减少
$y = \arctan x$ 	1. 定义域为 $\mathbf{R}$,值域为 $\left(-\dfrac{\pi}{2}, \dfrac{\pi}{2}\right)$ 2. 奇函数,有界 3. 在 $(-\infty, +\infty)$ 上单调增加
$y = \text{arccot} \, x$ 	1. 定义域为 $\mathbf{R}$,值域为 $(0,\pi)$ 2. 有界 3. 在 $(-\infty +,\infty)$ 上单调减少

注意 把函数 $y=\arcsin\varphi(x)$，$y=\arccos\varphi(x)$，$y=\arctan\varphi(x)$，$y=\mathrm{arccot}\,\varphi(x)$ 分别称为**反正弦函数型**，**反余弦函数型**，**反正切函数型**，**反余切函数型**.

把反正弦函数型 $y=\arcsin\varphi(x)$，反余弦函数型 $y=\arccos\varphi(x)$，反正切函数型 $y=\arctan\varphi(x)$，反余切函数型 $y=\mathrm{arccot}\,\varphi(x)$ 统称为**反三角函数型**.

以上这些函数在学习微积分时会经常用到，是研究微积分的一个重要基础.

2. 复合函数

定义7 设函数 $y=f(u)$ 的定义域为 D_f，函数 $u=\varphi(x)$ 的定义域为 D_φ，值域为 R_φ. 当 $D_f\cap R_\varphi$ 不是空集时，y 通过 u 成为 x 的函数，这个函数称为由 $y=f(u)$ 和 $u=\varphi(x)$ 复合而成的**复合函数**，记作 $y=f[\varphi(x)]$，其中 u 是中间变量.

注意 只有满足 $D_f\cap R_\varphi$ 不是空集的两个函数才能复合成一个复合函数；复合函数的概念可以推广到由两个以上的更多个函数复合而成的复合函数.

例9 设 $y=f(u)=\arcsin u$，$u=\varphi(x)=2+x^2$，问 $f(u)$ 和 $\varphi(x)$ 能否复合成复合函数 $y=f[\varphi(x)]$？

解 因为 $y=f(u)$ 的定义域为 $D_f=[-1,1]$，$u=\varphi(x)$ 的值域为 $R_\varphi=[2,+\infty)$，由于 $D_f\cap R_\varphi$ 为空集，所以 $f(u)$ 和 $\varphi(x)$ 不能复合成复合函数.

例10 求由函数 $y=\sqrt{u}$ 与 $u=1-x^2$ 构成的复合函数.

解 将 $u=1-x^2$ 代入 $y=\sqrt{u}$ 中，得 $y=\sqrt{1-x^2}$，$x\in[-1,1]$，故 $y=\sqrt{1-x^2}$ 为所求复合函数(求复合函数就是代入与整理).

例11 指出下列复合函数的复合过程(一个中间变量的情形)：

(1) $y=\sqrt{x+1}$；　　　(2) $y=\mathrm{e}^{\frac{x}{x+1}}$；　　　(3) $y=\ln(\ln x)$；

(4) $y=\cos(x+1)$；　　　(5) $y=\arcsin\mathrm{e}^x$.

解 (1) $y=\sqrt{x+1}$ 是幂函数型，由 $y=\sqrt{u}$ 和 $u=x+1$ 复合而成；

(2) $y=\mathrm{e}^{\frac{x}{x+1}}$ 是指数函数型，由 $y=\mathrm{e}^u$ 和 $u=\dfrac{x}{x+1}$ 复合而成；

(3) $y=\ln(\ln x)$ 是对数函数型，由 $y=\ln u$ 和 $u=\ln x$ 复合而成；

(4) $y=\cos(x+1)$ 是三角函数型，由 $y=\cos u$ 和 $u=x+1$ 复合而成；

(5) $y=\arcsin\mathrm{e}^x$ 是反三角函数型，由 $y=\arcsin u$ 和 $u=\mathrm{e}^x$ 复合而成.

例9、例10 和例11 指出复合函数 $y=f[\varphi(x)]$ 的复合过程与基本初等函数密切相关，即复合函数为取函数 $y=f(u)$ 和 $u=\varphi(x)$ 为基本初等函数或由常数与基本初等函数经过有限次的四则运算所得到的函数.

例12 指出下列复合函数的复合过程(两个中间变量的情形)：

(1) $y=[\ln(\ln x)]^4$；　　　(2) $y=\cos^3(x+1)$；　　　(3) $y=\arcsin\mathrm{e}^{x^2}$.

解 (1) $y=[\ln(\ln x)]^4$ 是由 $y=u^4$，$u=\ln v$，$v=\ln x$ 复合而成；

(2) $y=\cos^3(x+1)$ 是由 $y=u^3$，$u=\cos v$，$v=x+1$ 复合而成；

(3) $y=\arcsin\mathrm{e}^{x^2}$ 是由 $y=\arcsin u$，$u=\mathrm{e}^v$，$v=x^2$ 复合而成.

3. 初等函数

定义8 由常数与基本初等函数经过有限次的四则运算及有限次的函数复合步骤构成

的,且用一个解析式表示的函数称为**初等函数**.

例如,$y = \sqrt{\dfrac{x-1}{x+1}}$,$y = \arcsin \mathrm{e}^{\frac{x}{2}}$,$y = \lg(\sin x)$ 等都是初等函数;而分段函数由于往往不能用一个解析式表示,故不能称为初等函数,但绝对值函数 $y = |x|$ 是初等函数.

训练任务 1.1

1. 求下列函数的定义域:

(1) $y = \sqrt{4 - x^2}$;　　　　　(2) $y = \dfrac{x}{x^2 - 3x + 2}$;

(3) $y = \dfrac{\sqrt{2+x}}{\lg(1-x)}$;　　　　(4) $y = \begin{cases} -x, & -1 \leqslant x < 0, \\ \sqrt{3-x}, & 0 \leqslant x < 2. \end{cases}$

2. 设 $f(x) = \begin{cases} \sqrt{x-1}, & x \geqslant 1, \\ x^2, & x < 1. \end{cases}$ 作出 $f(x)$ 的图像,并求 $f(5)$ 和 $f(-2)$ 的值.

3. 判断下列各题中两个函数是否相同,为什么?

(1) $f(x) = \dfrac{x}{x}$,$g(x) = 1$;　　　　　　(2) $f(x) = \sin^2 x + \cos^2 x$,$g(x) = 1$;

(3) $f(x) = \ln \sqrt{x-1}$,$g(x) = \dfrac{1}{2} \ln(x-1)$;

(4) $f(x) = |x-3|$,$g(x) = \begin{cases} 3-x, & x < 3, \\ 0, & x = 3, \\ x-3, & x > 3; \end{cases}$

(5) $f(x) = x^2$,$g(t) = t^2$(其中 x、$t \in \mathbf{R}$).

4. 求下列函数的反函数:

(1) $y = \sqrt[3]{x+1}$;　　　(2) $y = 2^x + 1$;　　　(3) $y = \dfrac{1}{x^2}$ $(x > 0)$.

5. 判断下列函数的奇偶性:

(1) $f(x) = (x^2+1)\cos x$;　　　　　(2) $f(x) = 3x^2 - x^3$;

(3) $f(x) = \ln(x + \sqrt{1+x^2})$.

6. 证明函数 $y = \lg x$ 在区间 $(0, +\infty)$ 内是增函数.

7. 求下列函数的周期:

(1) $y = \cos \dfrac{1}{2} x$;　　　　　(2) $y = 1 + \tan 3x$;

(3) $y = \sin x \cos x$;　　　　　(4) $y = \sin x + \cos x$.

8. 写出由下列函数构成的复合函数:

(1) $y = \sqrt{u}$,$u = 2^x - 1$;　　　　　(2) $y = \arcsin u$,$u = x^2$;

(3) $y = \cos u$,$u = \sqrt{v}$,$v = x+1$;　　　(4) $y = \dfrac{1}{u}$,$u = \ln v$,$v = x-1$.

9. 设 $f(x) = \dfrac{1}{1-x}$,求 $f[f(x)]$.

10. 指出下列复合函数的复合过程:

$(1)\ y = (1 + 2x)^{10};$ $(2)\ y = \ln \tan x;$ $(3)\ y = \sin^3 x;$

$(4)\ y = \sqrt{\tan \dfrac{x}{2}};$ $(5)\ y = \mathrm{e}^{\sqrt{x+1}};$ $(6)\ y = \dfrac{1}{\sqrt{\ln (x^2 - 1)}}.$

1.2 极限的概念

极限的概念最初产生于求曲边形的面积与求曲线在某一点处的切线斜率这两个基本问题.极限的概念是微积分中最基本的概念,微积分中导数及定积分基本概念都用极限概念来表达.

我国古代数学家刘徽(公元 3 世纪)利用圆的内接正多边形来推算圆面积的方法——割圆术,就是用极限思想研究几何问题.刘徽说:"割之弥细,所失弥少.割之又割,以至于不可割,则与圆周合体而无所失矣."他的这段话就是对极限思想的生动描述.

1.2.1 函数极限的概念

1. 引出极限概念的案例

案例1(平息第二次数学危机) 尽管有第二次数学危机阴影的笼罩,但由于这种基础不牢的微积分用于天文、力学和物理等科学,总能获得可喜的重大成果,所以数学家们还是对微积分充满信心.当时在微积分园地上需要收割的东西太多了,以至于科学家们无暇顾及修补基础理论的漏洞,逻辑严密性的问题只好等一等再解决了.

直到 19 世纪初,情况才有所变化,法兰西科学院以**柯西**(1789—1857)为首的科学家,对微积分理论进行了认真研究,建立了极限理论,后来又经过德国数学家**魏尔斯特拉斯**(1815—1897)进一步的严格化,使极限理论成为微积分的坚定基础.所谓"逝去量的鬼魂"也得到了满意的解释,彻底平息第二次数学危机.

现在,很容易根据 $[2, 2 + \Delta t]$ 时间内物体运动的平均速度 $\bar{v} = 4 + \Delta t$ 求出 $v(2)$,即当 Δt 无限趋近于 0 时,$\bar{v} = 4 + \Delta t$ 无限趋近于 4.用数学式子表示就是

$$v(2) = \lim_{\Delta t \to 0} \bar{v} = \lim_{\Delta t \to 0} (4 + \Delta t) = 4 (\mathrm{m/s}).$$

案例2(求曲线在某一点处的切线斜率问题) 微积分的一个中心问题是确定一条曲线在给定点的切线.这不仅仅是一个几何问题,许多力学、化学、物理学、生物学以及社会科学的问题用几何术语来描述,就是求切线的问题.

现在就曲线为 $y = f(x)$(图 1-9)的情形来讨论切线问题.

设 $M_0(x_0, y_0)$ 为该曲线上的一定点(切点),要求出该曲线在点 M_0 处的切线,只要求出切线的斜率.为此在曲线上另取

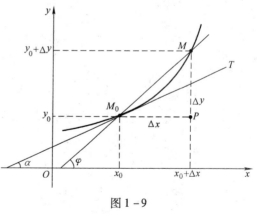

图 1-9

一点 $M(x_0 + \Delta x, y_0 + \Delta y)$,$M$ 是动点,作割线 M_0M,设其倾角为 φ.由图 1-9 易知此割线 M_0M 的斜率为

$$\tan \varphi = \frac{\Delta y}{\Delta x} = \frac{f(x_0 + \Delta x) - f(x_0)}{\Delta x}.$$

当 $\Delta x \to 0$ 时,动点 M 将沿曲线趋向于定点 M_0,从而割线 M_0M 也随之变动而趋向于极限位置——直线 M_0T,称此直线 M_0T 为曲线在定点 M_0 处的切线,这样就找到了求切线位置的方法.

显然,当 $\Delta x \to 0$ 时,割线斜率 $\tan \varphi$ 趋向于切线 M_0T 的斜率 $\tan \alpha$,即切线 M_0T 的斜率用数学式子表示就是

$$k = \tan \alpha = \lim_{\Delta x \to 0} \tan \varphi = \lim_{\Delta x \to 0} \frac{\Delta y}{\Delta x} = \lim_{\Delta x \to 0} \frac{f(x_0 + \Delta x) - f(x_0)}{\Delta x}.$$

综上所述,$y = f(x)$ 的图形在 M_0 处的切线斜率为割线 M_0M 的斜率在 $\Delta x \to 0$ 时的极限.

现在来考虑一个具体问题:求抛物线 $y = f(x) = x^2$ 在点 $(1,1)$ 处的切线斜率.

现在就用上面提供的方法,即通过割线求切线来解决这一问题. 抛物线 $y = f(x) = x^2$ 在点 $(1,1)$ 处的切线斜率为

$$k = \tan \alpha = \lim_{\Delta x \to 0} \tan \varphi = \lim_{\Delta x \to 0} \frac{\Delta y}{\Delta x} = \lim_{\Delta x \to 0} \frac{f(x_0 + \Delta x) - f(x_0)}{\Delta x}$$

$$= \lim_{\Delta x \to 0} \frac{f(1 + \Delta x) - f(1)}{\Delta x} = \lim_{\Delta x \to 0} \frac{2\Delta x + (\Delta x)^2}{\Delta x} = \lim_{\Delta x \to 0} (2 + \Delta x) = 2.$$

案例 3(求曲边形的面积问题) 极限概念最初产生于求曲边形的面积这一基本问题,而初等数学没有提供解决这一问题的方法,这正是要在这里解决的.

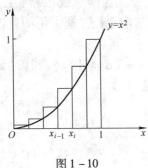

图 1 - 10

下面以计算由抛物线 $y = f(x) = x^2$,x 轴以及直线 $x = 1$ 所围成区域的面积 S 为例来说明. 如图 1 - 10 所示,取分点 $x_i = \frac{i}{n}(i = 0, 1, 2, \cdots, n)$ 把线段 $[0,1]$ 分成 n 个相等的小段.

在每个小段上作一个小矩形,使小矩形的高分别为每个小段右端点处抛物线纵坐标值 $x_i^2 = \left(\frac{i}{n}\right)^2 (i = 1, 2, \cdots, n)$.

矩形的底边长都是 $\frac{1}{n}$. 所有这些矩形面积的总和

$$S_n = \sum_{i=1}^{n} f(x_i) \cdot \frac{1}{n} = \frac{1^2}{n^3} + \frac{2^2}{n^3} + \cdots + \frac{i^2}{n^3} + \cdots + \frac{n^2}{n^3}$$

$$= \frac{1}{n^3}(1^2 + 2^2 + \cdots + i^2 + \cdots + n^2)$$

$$= \frac{1}{n^3} \cdot \frac{1}{6} n(n+1)(2n+1) = \frac{1}{6}\left(1 + \frac{1}{n}\right)\left(2 + \frac{1}{n}\right).$$

从而当 n 无限增大时,$S_n = \frac{1}{6}\left(1 + \frac{1}{n}\right)\left(2 + \frac{1}{n}\right)$ 无限趋近于 $\frac{1}{3}$. 用数学式子表示就是

$$S = \lim_{n \to \infty} S_n = \frac{1}{3}.$$

案例 4(萃取问题)(阅读) 求极限的过程在化学、物理、生物等方面是普遍存在的,下面以化学中萃取法为例来说明.

在含有被萃取物的水溶液中加入与水互不相溶的有机溶剂,借助溶剂本身或外加试剂的作用,被萃取物的一部分或几乎全部转入有机溶剂中去的过程,称为溶剂萃取.它是利用有机溶剂来分离、提纯物质的一种方法.我国劳动人民是世界上最早使用烧酒提取药物及香料植物中有效成分,制成药酒及香精的.

设在 V_1 mL 的水溶液中含有溶质(被萃取物)W g,现用另一种有机溶剂来进行萃取,若每次萃取都用 V_2 mL 新的有机溶剂,并设 K 是溶质在两溶剂中的分配系数,则水溶液中所剩被萃取物的量可以按如下方法计算.

第一次萃取:将 V_2 mL 有机溶液加到含有被萃取物的水溶液中,达到平衡后,水溶液中还剩 W_1 g 溶质(被萃取物),有机溶液中萃取到 $(W - W_1)$ g 溶质.因为被萃取物在两溶液中的分配系数 $K = \dfrac{W_1}{V_1} \div \dfrac{W - W_1}{V_2} = \dfrac{W_1 V_2}{V_1(W - W_1)}$,即 $W_1 = W \dfrac{KV_1}{KV_1 + V_2}$.

第二次萃取:再用 V_2 mL 新的有机溶液对含有 W_1 g 可被萃取物的水溶液进行萃取,平衡后水溶液中还剩溶质 W_2 g,因为被萃取物在两溶液中的浓度之比是不变的,故仍有 $K = \dfrac{W_2}{V_1} \div \dfrac{W_1 - W_2}{V_2} = \dfrac{W_2 V_2}{V_1(W_1 - W_2)}$,即 $W_2 = W_1 \dfrac{KV_1}{KV_1 + V_2}$,将 $W_1 = W \dfrac{KV_1}{KV_1 + V_2}$ 代入之,得 $W_2 = W \left(\dfrac{KV_1}{KV_1 + V_2} \right)^2$.

如此进行下去,第 n 次萃取后水溶液中还剩被萃取物 W_n 为

$$W_n = W \left(\frac{KV_1}{KV_1 + V_2} \right)^n.$$

如果设想萃取过程一直进行下去,归结为数学问题,就是求数列 $\{W_n\}$ 的极限问题.

因 V_1、V_2、K 均为正的常数,所以 $0 < \dfrac{KV_1}{KV_1 + V_2} < 1$,从而当 n 无限增大时,$W_n = W \left(\dfrac{KV_1}{KV_1 + V_2} \right)^n$ 无限趋近于 0.用数学式子表示就是 $\lim\limits_{n \to \infty} W_n = 0$.

极限方法是微积分的最基本的方法,微分法与积分法都借助于极限方法来描述,所以掌握极限概念与极限运算非常重要.极限方法是一种独特的方法,这一方法经历了许多世纪才结晶为现在的形式,其实质上是对无穷小量(后面讲)进行分析,所以也称为无穷小分析.

函数极限问题与自变量的变化过程密切相关,下面就自变量不同的变化趋势给出相应的函数极限定义.

需要说明的是,数列 $x_n = f(n)$ 作为函数的一种形式,它的自变量 n(正整数)的变化趋势仅有一种形式 $n \to \infty$,即 n 以正整数的形式离散地趋近于 ∞.而对于一般的函数来说,它的自变量 x 的变化趋势又有单侧趋近与双侧趋近.

单侧趋近:$x \to +\infty$(x 取正值,无限增大),$x \to -\infty$(x 取负值,其绝对值无限增大),$x \to x_0^+$(x 从 x_0 的右侧趋近 x_0),$x \to x_0^-$(x 从 x_0 的左侧趋近 x_0).

双侧趋近:$x \to \infty$ 即 $x \to +\infty$ 与 $x \to -\infty$(x 的绝对值无限增大),$x \to x_0$ 即 x 从左、右同时趋近 x_0.

2. 当 $x \to \infty$ 时,函数 $f(x)$ 的极限

先考察当 $x \to +\infty$, $x \to -\infty$, $x \to \infty$ 时,函数 $f(x) = \frac{1}{x}$ 的变化趋势.

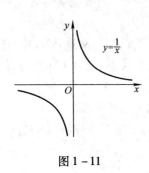

由图 1-11 可以看出,当 x 取正值且无限增大,即 $x \to +\infty$ 时,函数 $f(x) = \frac{1}{x}$ 的值无限接近于常数 0;当 x 取负值且 $|x|$ 无限增大,即 $x \to -\infty$ 时,函数 $f(x) = \frac{1}{x}$ 的值也无限接近于常数 0.

因此,可以说,当 x 的绝对值无限增大时, $f(x) = \frac{1}{x}$ 的值无限接近于常数 0.

图 1-11

对于 $x \to +\infty$ 时函数 $f(x)$ 的变化趋势,函数 $f(x)$ 的极限有如下定义.

定义 1 当 $x \to +\infty$ 时,函数 $f(x)$ 无限接近一个常数 A,那么称 A 为函数 $f(x)$ 当 $x \to +\infty$ 时的**极限**,记作 $\lim\limits_{x \to +\infty} f(x) = A$ 或 $f(x) \to A (x \to +\infty)$,此时也称函数 $f(x)$ 的**极限存在**或**收敛**.当 $x \to +\infty$,函数 $f(x)$ 不无限接近一个常数 A,那么也称函数 $f(x)$ 的**极限不存在**或**发散**.

一般来讲,函数 $y = f(x)$ 自变量 x 的趋近形式为连续趋近,这也是 $n \to \infty$ 和 $x \to +\infty$ 的唯一区别.

用类似的方法可以定义 $x \to -\infty$, $x \to \infty$ 时函数 $f(x)$ 的极限.

根据上述定义可得 $\lim\limits_{x \to +\infty} \frac{1}{x} = 0$, $\lim\limits_{x \to -\infty} \frac{1}{x} = 0$, $\lim\limits_{x \to \infty} \frac{1}{x} = 0$.

根据上述定义可得 $\lim\limits_{x \to \infty} f(x) = A$ 的充要条件:

$$\lim\limits_{x \to \infty} f(x) = A \Leftrightarrow \lim\limits_{x \to +\infty} f(x) = \lim\limits_{x \to -\infty} f(x) = A .$$

例 1 讨论 $\lim\limits_{x \to \infty} \arctan x$.

解 如图 1-12 所示,虽然 $\lim\limits_{x \to -\infty} \arctan x = -\frac{\pi}{2}$ 存在, $\lim\limits_{x \to +\infty} \arctan x = \frac{\pi}{2}$ 也存在,但由于当 $x \to +\infty$ 和 $x \to -\infty$ 时,函数 $\arctan x$ 不是无限地接近同一个确定的常数,所以 $\lim\limits_{x \to \infty} \arctan x$ 不存在.

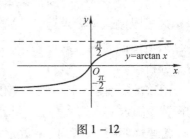

图 1-12

根据极限的定义,通过对基本初等函数的观察,可得下面一些结果,它们在求极限时可以直接使用.

(1) $\lim\limits_{x \to \infty} c = c$ (c 为常数,自变量的变化趋势为任意方式).

(2) $\lim\limits_{x \to \infty} x^n = \infty$, $\lim\limits_{x \to \infty} \frac{1}{x^n} = 0$ (n 为正整数).

(3) 当 $a > 1$ 时, $\lim\limits_{x \to -\infty} a^x = 0$, $\lim\limits_{x \to +\infty} a^x = +\infty$, $\lim\limits_{x \to \infty} a^x$ 不存在;当 $0 < a < 1$ 时, $\lim\limits_{x \to -\infty} a^x = $

$+\infty$, $\lim\limits_{x\to+\infty}a^x=0$, $\lim\limits_{x\to\infty}a^x$ 不存在.

(4)当 $a>1$ 时, $\lim\limits_{x\to+\infty}\log_a x=+\infty$；当 $0<a<1$ 时, $\lim\limits_{x\to+\infty}\log_a x=-\infty$.

(5) $\lim\limits_{x\to\infty}\sin x$, $\lim\limits_{x\to\infty}\cos x$ 不存在.

(6) $\lim\limits_{x\to-\infty}\arctan x=-\dfrac{\pi}{2}$, $\lim\limits_{x\to+\infty}\arctan x=\dfrac{\pi}{2}$, $\lim\limits_{x\to\infty}\arctan x$ 不存在, $\lim\limits_{x\to-\infty}\operatorname{arccot} x=\pi$,

$\lim\limits_{x\to+\infty}\operatorname{arccot} x=0$, $\lim\limits_{x\to\infty}\operatorname{arccot} x$ 不存在.

以上这些结果说明,掌握基本初等函数是学好极限的基础.

例2 求 $\lim\limits_{x\to-\infty}e^x$ 和 $\lim\limits_{x\to+\infty}e^{-x}$.

解 由指数函数的图像可知: $\lim\limits_{x\to-\infty}e^x=0$, $\lim\limits_{x\to+\infty}e^{-x}=\lim\limits_{x\to+\infty}(e^{-1})^x=0$.

3. 当 $x\to x_0$ 时,函数 $f(x)$ 的极限

考察当 $x\to1$ 时,函数 $f(x)=\dfrac{x^2-1}{x-1}$ 的变化情况. 当 $x\to1$

$(x\neq1)$ 时, $f(x)$ 的变化趋势如图 $1-13$ 所示. 不难看出,当 $x\to1$(从 1 的左、右两边同时趋近)时, $f(x)$ 无限趋近于常数 2 . 此时称 2 是 $f(x)$ 当 $x\to1$ 时的极限.

对于 $x\to x_0$ 时函数 $f(x)$ 的变化趋势,函数 $f(x)$ 的极限有如下定义.

定义2 设函数 $f(x)$ 在 x_0 的左右近旁有定义(点 x_0 可除外),当 $x\to x_0$ 时,函数 $f(x)$ 无限接近于一个确定的常数 A,那么 A 就叫做函数 $f(x)$ 当 $x\to x_0$ 时的**极限**,记作 $\lim\limits_{x\to x_0}f(x)=A$ 或 $f(x)\to A(x\to x_0)$.

由定义可知, $f(x)$ 在点 x_0 的极限,只考虑 x 无限接近 x_0 时函数 $f(x)$ 的变化趋势,而与 $f(x)$ 在点 x_0 处是否有定义无关.

例3 用极限定义说明:

(1) $\lim\limits_{x\to x_0}x=x_0$;   (2) $\lim\limits_{x\to x_0}c=c$ (c 为常数).

解 (1)当变量 $x\to x_0$ 时, 函数 $y=x$ 的 y 值也趋近于 x_0, 于是 $\lim\limits_{x\to x_0}x=x_0$;

(2)因为常数函数 $y=c$ 无论 x 取何值,函数值均为 c,故 $\lim\limits_{x\to x_0}c=c$.

对于左、右两侧 $x\to x_0$ 时函数 $f(x)$ 的变化趋势,函数 $f(x)$ 的极限又有左、右极限如下定义.

定义3 若 x 从 x_0 的左侧 $(x<x_0)$ 趋近于 x_0 时,函数 $f(x)$ 无限趋近于常数 A,则称 A 为函数 $f(x)$ 在点 x_0 处的**左极限**,记作

$$\lim\limits_{x\to x_0^-}f(x)=A \text{ 或 } \lim\limits_{x\to x_0-0}f(x)=A \text{ 或 } f(x_0-0) \text{ 或 } f(x)\to A(x\to x_0^-);$$

若 x 从 x_0 的右侧 $(x>x_0)$ 趋近于 x_0 时,函数 $f(x)$ 无限趋近于常数 A,则称 A 为函数 $f(x)$ 在点 x_0 处的**右极限**,记作

$$\lim\limits_{x\to x_0^+}f(x)=A \text{ 或 } \lim\limits_{x\to x_0+0}f(x)=A \text{ 或 } f(x_0+0) \text{ 或 } f(x)\to A(x\to x_0^+).$$

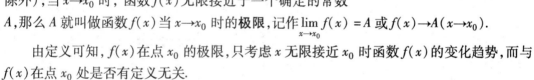

图 $1-13$

由 $\lim\limits_{x\to x_0}f(x)=A$ 的定义可得到 $\lim\limits_{x\to x_0^-}f(x)=A$、$\lim\limits_{x\to x_0^+}f(x)=A$ 的定义,从而可得到 $\lim\limits_{x\to x_0}f(x)$ $=A$ 的充要条件:

$$\lim_{x\to x_0}f(x)=A \Leftrightarrow \lim_{x\to x_0^-}f(x)=\lim_{x\to x_0^+}f(x)=A.$$

例 4 讨论函数 $f(x)=\begin{cases}x-1, & x<0, \\ 0, & x=0, \\ x+1, & x>0\end{cases}$ 当 $x\to 0$ 时的极限.

解 作此分段函数的图像. 由图 1-14 可知函数 $f(x)$ 当 $x\to 0$ 时,右极限 $f(0+0)=\lim\limits_{x\to 0+0}f(x)=\lim\limits_{x\to 0+0}(x+1)=1$ 存在,左极限 $f(0-0)=\lim\limits_{x\to 0-0}f(x)=\lim\limits_{x\to 0-0}(x-1)=-1$ 也存在.

因为当 $x\to 0$ 时函数 $f(x)$ 的左、右极限虽然皆存在,但不相等,所以 $\lim\limits_{x\to 0}f(x)$ 不存在.

例 5 讨论函数 $y=\dfrac{x^2-1}{x+1}$ 当 $x\to -1$ 时的极限.

解 函数的定义域为 $(-\infty,-1)\cup(-1,+\infty)$.

因为 $x\neq -1$,所以 $y=\dfrac{x^2-1}{x+1}=x-1$.

由图 1-15 可知,$\lim\limits_{x\to -1}\dfrac{x^2-1}{x+1}=\lim\limits_{x\to -1}(x-1)=-2$. 这时必有左、右极限存在且相等.

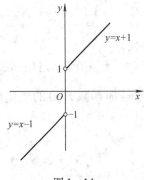

图 1-14

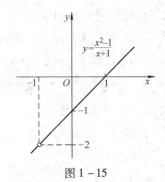

图 1-15

1.2.2 无穷小量与无穷大量

1. 无穷小量

在实际问题中,常会遇到以 0 为极限的变量,对于这种变量,有如下定义.

定义 4 当 $x\to x_0$(或 $x\to\infty$)时,函数 $f(x)$ 的极限为 0,那么称 $f(x)$ 为 $x\to x_0$(或 $x\to\infty$)时的**无穷小量**(简称无穷小).

例如,因为 $\lim\limits_{x\to\infty}\dfrac{1}{x^2}=0$,所以函数 $f(x)=\dfrac{1}{x^2}$ 是 $x\to\infty$ 时的无穷小.

无穷小通常用希腊字母 α,β,γ 等表示.

注意 (1)说一个函数 $f(x)$ 是无穷小,必须指明自变量 x 的变化趋势,如函数 $y=x-1$ 是 $x\to 1$ 时的无穷小,而 x 趋于其他数值时,$y=x-1$ 就不是无穷小;

(2)无穷小是一个绝对值可以任意小的量,不等同于很小的数,因为很小的数是常量,

18

其极限为本身而不是 0;

（3）常数中只有"0"可以看做无穷小,因为"0"的极限为 0.

有了无穷小的概念后,可以找到函数、极限、无穷小三者之间的关系,即极限基本定理.

定理 1 在自变量的某一变化趋势…下,函数 $f(x)$ 有极限 A 的充分必要条件是 $f(x) = A + \alpha$,其中 α 是同一变化趋势…下的无穷小,即 $\lim f(x) = A \Leftrightarrow f(x) = A + \alpha$,其中 $\lim \alpha = 0$.

无穷小具有如下性质.

性质 1 有限个无穷小的代数和仍是无穷小.

性质 2 有界变量与无穷小的乘积仍是无穷小.

性质 3 常数乘无穷小仍是无穷小.

性质 4 有限个无穷小的乘积仍是无穷小.

利用无穷小的性质 2 可以使求某些函数的极限更方便.

例 6 求 $\lim\limits_{x \to \infty} \dfrac{\sin x}{x}$.

解 由于 $\lim\limits_{x \to \infty} \dfrac{1}{x} = 0$,而 $|\sin x| \leqslant 1$,即 $\sin x$ 为有界变量,据性质 2,有

$$\lim_{x \to \infty} \frac{\sin x}{x} = \lim_{x \to \infty} \left(\frac{1}{x} \cdot \sin x \right) = 0.$$

2. 无穷大量

定义 5 若在自变量 x 的某一变化趋势…下,函数 $f(x)$ 的绝对值无限增大,则称函数 $f(x)$ 为该变化趋势…下的**无穷大量**(简称**无穷大**),记作 $\lim f(x) = \infty$.

若在整个变化过程中,对应的函数值都是正的或都是负的,也可记为

$$\lim f(x) = +\infty \ \text{或} \lim f(x) = -\infty.$$

例如,当 $x \to 1$ 时,$\left| \dfrac{1}{x-1} \right|$ 无限增大,所以 $\dfrac{1}{x-1}$ 是当 $x \to 1$ 时的无穷大,可记为 $\lim\limits_{x \to 1} \dfrac{1}{x-1} = \infty$.

又如,当 $x \to \dfrac{\pi}{2}^{-}$ 时,$\tan x$ 取正值无限增大,故 $\lim\limits_{x \to \frac{\pi}{2}^{-}} \tan x = +\infty$;当 $x \to \dfrac{\pi}{2}^{+}$ 时,$\tan x$ 取负值且绝对值无限增大,故 $\lim\limits_{x \to \frac{\pi}{2}^{+}} \tan x = -\infty$.

注意 （1）说一个函数 $f(x)$ 是无穷大,必须指明自变量 x 的变化趋势.

（2）无穷大是一个绝对值可以任意大的变量,不等同于很大的数.

（3）虽然无穷大可记作 $\lim f(x) = \infty$,但 $f(x)$ 在该变化趋势…下无极限.

3. 无穷小与无穷大的关系

在自变量的同一变化过程中,若 $f(x)$ 为无穷大,则 $\dfrac{1}{f(x)}$ 是无穷小;反之,若 $f(x)$ 为无穷小,且 $f(x) \neq 0$,则 $\dfrac{1}{f(x)}$ 是无穷大.

例7 讨论 $\lim\limits_{x\to-1}\dfrac{1}{x^2+2x+1}$.

解 因为 $\lim\limits_{x\to-1}(x^2+2x+1)=0$,即 x^2+2x+1 是 $x\to-1$ 时的无穷小,所以 $\dfrac{1}{x^2+2x+1}$ 是

$x\to-1$ 时的无穷大,即 $\lim\limits_{x\to-1}\dfrac{1}{x^2+2x+1}=\infty$.

例8 讨论以下函数在何种情况下是无穷小,在何种情况下是无穷大.

(1) $y=3^{-x}$;   (2) $y=\dfrac{2}{x}$.

解 (1) $x\to+\infty$ 时,3^{-x} 为无穷小;$x\to-\infty$ 时,3^{-x} 为无穷大.

(2)当 $x\to\infty$ 时,$\dfrac{2}{x}$ 为无穷小;当 $x\to0$ 时,$\dfrac{2}{x}$ 为无穷大.

训练任务 1.2

1. 求下列极限值:

(1) $\lim\limits_{x\to\infty}\dfrac{1}{x^3}$;   (2) $\lim\limits_{x\to+\infty}\left(\dfrac{1}{10^3}\right)^x$;   (3) $\lim\limits_{x\to-\infty}2^x$;

(4) $\lim\limits_{x\to1}\ln x$;   (5) $\lim\limits_{x\to0}e^{-x}$;   (6) $\lim\limits_{x\to\frac{\pi}{4}}\cos x$.

2. 试从图形上说明 $\lim\limits_{x\to0}\dfrac{|x|}{x}$ 不存在.

3. 设函数 $f(x)=\begin{cases}x+2, & x\geqslant1,\\ 3x, & x<1,\end{cases}$ 求 $\lim\limits_{x\to1^+}f(x)$,$\lim\limits_{x\to1^-}f(x)$,并说明 $\lim\limits_{x\to1}f(x)$ 是否

存在.

4. 设函数 $f(x)=\begin{cases}x^2-1, & x>0,\\ 0, & x=0,\\ 1-x, & x<0,\end{cases}$ 讨论当 $x\to0$ 时 $f(x)$ 的极限.

5. 指出下列变量中哪些是无穷小,哪些是无穷大?

(1) $\ln x$ $(x\to0^+)$;   (2) $e^x(x\to0)$;   (3) $e^x(x\to-\infty)$;

(4) $\dfrac{1}{x-5}$ $(x\to5)$;   (5) $2^{-x}-1$ $(x\to0)$;   (6) $1-\cos x$ $(x\to\infty)$.

6. 利用无穷小的性质求下列极限:

(1) $\lim\limits_{x\to0}\left(x\cdot\cos\dfrac{1}{x}\right)$; (2) $\lim\limits_{x\to+\infty}\left(\dfrac{1}{x}\cdot2^{-x}\right)$; (3) $\lim\limits_{x\to0}\sin^2x$; (4) $\lim\limits_{x\to+\infty}\left(\dfrac{1}{x}+e^{-x}\right)$.

1.3 极限的运算

1.3.1 极限的四则运算法则

设 $\lim\limits_{x\to x_0}f(x)=A$,$\lim\limits_{x\to x_0}g(x)=B$,则有如下运算法则.

(1)**极限的和与差**:$\lim\limits_{x\to x_0}[f(x)\pm g(x)]=\lim\limits_{x\to x_0}f(x)\pm\lim\limits_{x\to x_0}g(x)=A\pm B$.

特殊地，$$\lim_{x \to x_0}\left[f(x) + C\right] = A + C \quad (C \text{ 为常数}).$$

（2）**极限的乘积**：$\lim\limits_{x \to x_0}\left[f(x) \cdot g(x)\right] = \lim\limits_{x \to x_0} f(x) \cdot \lim\limits_{x \to x_0} g(x) = A \cdot B$.

特殊地，$$\lim_{x \to x_0}\left[Cf(x)\right] = CA \quad (C \text{ 为常数});$$

$$\lim_{x \to x_0}\left[f(x)\right]^n = \left[\lim_{x \to x_0} f(x)\right]^n = A^n \quad (n \text{ 是正整数}).$$

（3）**极限的商**：$\lim\limits_{x \to x_0} \dfrac{f(x)}{g(x)} = \dfrac{\lim\limits_{x \to x_0} f(x)}{\lim\limits_{x \to x_0} g(x)} = \dfrac{A}{B} \quad (B \neq 0)$.

上述法则也适用于 $x \to \infty$ 时的情形.

例 1　求 $\lim\limits_{x \to 1}(x^2 + 2x + 1)$.

解　$\lim\limits_{x \to 1}(x^2 + 2x + 1) = \lim\limits_{x \to 1} x^2 + \lim\limits_{x \to 1} 2x + \lim\limits_{x \to 1} 1$

$$= \left(\lim_{x \to 1} x\right)^2 + 2\lim_{x \to 1} x + 1 = 1^2 + 2 \times 1 + 1 = 4.$$

一般地，对于多项式函数 $P(x) = a_0 x^n + a_1 x^{n-1} + \cdots + a_{n-1}x + a_n$，当 $x \to x_0$ 时的极限值就是 $P(x)$ 在点 x_0 处的函数值，即 $\lim\limits_{x \to x_0} P(x) = P(x_0)$，此为求极限最简单的方法——直接代入法.

例 2　求 $\lim\limits_{x \to 1} \dfrac{x^2 + 3x + 5}{x + 1}$.

解　当 $x \to 1$ 时，分子、分母的极限都存在，且分母的极限不为 0，于是，使用极限的商的运算法则，得 $\lim\limits_{x \to 1} \dfrac{x^2 + 3x + 5}{x + 1} = \dfrac{\lim\limits_{x \to 1}(x^2 + 3x + 5)}{\lim\limits_{x \to 1}(x + 1)} = \dfrac{1^2 + 3 \times 1 + 5}{1 + 1} = \dfrac{9}{2}$.

一般地，对于有理分式函数 $F(x) = \dfrac{a_0 x^m + a_1 x^{m-1} + a_2 x^{m-2} + \cdots + a_m}{b_0 x^n + b_1 x^{n-1} + b_2 x^{n-2} + \cdots + b_n}$，当 $x \to x_0$ 时，分子、分母的极限都存在，且分母的极限不为 0，也适用于直接代入法，即 $\lim\limits_{x \to x_0} F(x) = F(x_0)$.

例 3　求 $\lim\limits_{x \to 2} \dfrac{x^2 - 3}{x - 2}$.

解　当 $x \to 2$ 时，分子的极限为非零定值，分母的极限为 0，该题为"$\dfrac{a}{0}$"型. 虽然不能直接使用极限的商的运算法则，但可以使用无穷小与无穷大的关系求极限.

因为 $\lim\limits_{x \to 2} \dfrac{x - 2}{x^2 - 3} = \dfrac{2 - 2}{2^2 - 3} = 0$，所以 $\lim\limits_{x \to 2} \dfrac{x^2 - 3}{x - 2} = \infty$.

一般地，"$\dfrac{a}{0}$"型的极限为 ∞.

例 4　求 $\lim\limits_{x \to 3} \dfrac{x - 3}{x^2 - 9}$.

解　当 $x \to 3$ 时，分子、分母的极限都是 0，该题为"$\dfrac{0}{0}$"型. 该题不能用极限的商的运算法则求极限，也不能用无穷小与无穷大的关系求极限. 但由于 $x \to 3$ 时，$x - 3 \neq 0$，故分子、分

母可约去公因式 $x-3$,所以

$$\lim_{x \to 3} \frac{x-3}{x^2-9} = \lim_{x \to 3} \frac{1}{x+3} = \frac{1}{3+3} = \frac{1}{6}.$$

例 5　求 $\lim\limits_{x \to \infty} \dfrac{x^3 - 4x^2 + 2}{2x^3 + 5x^2 - 1}$.

解　当 $x \to \infty$ 时,分子、分母的极限都是 ∞,该题为"$\dfrac{\infty}{\infty}$"型. 虽然不能直接使用极限的商的运算法则,但用分子、分母 x 的最高次幂 x^3 同除分子、分母,然后利用极限的商的运算法则求极限,即

$$\lim_{x \to \infty} \frac{x^3 - 4x^2 + 2}{2x^3 + 5x^2 - 1} = \lim_{x \to \infty} \frac{1 - \dfrac{4}{x} + \dfrac{2}{x^3}}{2 + \dfrac{5}{x} - \dfrac{1}{x^3}} = \frac{\lim\limits_{x \to \infty} 1 - \lim\limits_{x \to \infty} \dfrac{4}{x} + \lim\limits_{x \to \infty} \dfrac{2}{x^3}}{\lim\limits_{x \to \infty} 2 + \lim\limits_{x \to \infty} \dfrac{5}{x} - \lim\limits_{x \to \infty} \dfrac{1}{x^3}} = \frac{1 - 0 + 0}{2 + 0 - 0} = \frac{1}{2}.$$

例 6　求 $\lim\limits_{x \to \infty} \dfrac{2x^2 - 2x - 1}{2x^3 - x^2 + 1}$.

解　当 $x \to \infty$ 时,分子、分母的极限都是 ∞,该题为"$\dfrac{\infty}{\infty}$"型. 如上题,先用分子、分母 x 的最高次幂 x^3 同除分子、分母,然后求极限,即

$$\lim_{x \to \infty} \frac{2x^2 - 2x - 1}{2x^3 - x^2 + 1} = \lim_{x \to \infty} \frac{\dfrac{2}{x} - \dfrac{2}{x^2} - \dfrac{1}{x^3}}{2 - \dfrac{1}{x} + \dfrac{1}{x^3}} = \frac{0}{2} = 0.$$

例 7　求 $\lim\limits_{x \to \infty} \dfrac{2x^3 - x^2 + 5}{x^2 + 3}$.

解　当 $x \to \infty$ 时,分子、分母的极限都是 ∞,该题为"$\dfrac{\infty}{\infty}$"型. 一般地,先用分子、分母 x 的最高次幂 x^3 同除分子、分母,然后求极限,即

$$\lim_{x \to \infty} \frac{2x^3 - x^2 + 5}{x^2 + 3} = \lim_{x \to \infty} \frac{2 - \dfrac{1}{x} + \dfrac{5}{x^3}}{\dfrac{1}{x} + \dfrac{3}{x^3}} = \infty.$$

归纳例 5、例 6、例 7 得以下一般结论,即当 $a_0 \neq 0, b_0 \neq 0, m$ 和 n 为非负整数时,有

$$\lim_{x \to \infty} \frac{a_0 x^m + a_1 x^{m-1} + a_2 x^{m-2} + \cdots + a_m}{b_0 x^n + b_1 x^{n-1} + b_2 x^{n-2} + \cdots + b_n} = \begin{cases} 0, & n > m, \\ \dfrac{a_0}{b_0}, & n = m, \\ \infty, & n < m. \end{cases}$$

例 8　求 $\lim\limits_{x \to \infty} \dfrac{(2x-3)(x+2)^2}{1 - 3x^3}$.

解　当 $x \to \infty$ 时,分子、分母的极限都是 ∞,该题为"$\dfrac{\infty}{\infty}$"型. 分子、分母 x 的最高次幂相同,均为 3,利用上述结论,其极限值即为分子分母 x 的三次幂的系数之比,即

$$\lim_{x\to\infty} \frac{(2x-3)(x+2)^2}{1-3x^3} = \frac{2}{-3} = -\frac{2}{3}.$$

引申 此结论不仅对求当 $x\to\infty$ 时,有理分式函数的极限非常方便,而且对求与此类似的数列及无理式的极限也适用.

例 9 求 $\lim\limits_{x\to 2}\left(\dfrac{x^2}{x^2-4} - \dfrac{1}{x-2}\right)$.

解 当 $x\to 2$ 时,$\dfrac{x^2}{x^2-4}\to\infty$,$\dfrac{1}{x-2}\to\infty$,该题为"$\infty-\infty$"型.

一般地,两分式相减要先通分变形,再求极限. 于是有

$$\lim_{x\to 2}\left(\frac{x^2}{x^2-4} - \frac{1}{x-2}\right) = \lim_{x\to 2}\frac{x^2-x-2}{x^2-4} = \lim_{x\to 2}\frac{(x-2)(x+1)}{(x-2)(x+2)} = \lim_{x\to 2}\frac{x+1}{x+2} = \frac{3}{4}.$$

例 10 求 $\lim\limits_{x\to\infty} 2^{\frac{1}{x}}$.

解 函数 $2^{\frac{1}{x}}$ 为复合函数,该题可以通过变换求极限,即把复合函数的极限转化为基本初等函数的极限. 令 $u=\dfrac{1}{x}$,当 $x\to\infty$ 时,$u\to 0$. 所以

$$\lim_{x\to\infty} 2^{\frac{1}{x}} = \lim_{u\to 0} 2^u = 1.$$

下一节对此题还要进行详细讲解.

例 11 求 $\lim\limits_{n\to\infty}\left(\dfrac{1}{n^2} + \dfrac{2}{n^2} + \cdots + \dfrac{n}{n^2}\right)$.

解 显然 $n\to\infty$ 时,各项 $\dfrac{1}{n^2}, \dfrac{2}{n^2}, \cdots, \dfrac{n}{n^2}$ 的极限都为 0,但因为不是有限项的和,因此结果不能为各项极限之和. 该题是无穷多项的和,为"级数"型,需先将数列求和,再求极限,即

因为 $\dfrac{1}{n^2} + \dfrac{2}{n^2} + \cdots + \dfrac{n}{n^2} = \dfrac{1+2+3+\cdots+n}{n^2} = \dfrac{\frac{n}{2}(1+n)}{n^2} = \dfrac{1+n}{2n}$,所以

$$\lim_{n\to\infty}\left(\frac{1}{n^2} + \frac{2}{n^2} + \cdots + \frac{n}{n^2}\right) = \lim_{n\to\infty}\frac{1+n}{2n} = \frac{1}{2}.$$

1.3.2 两个重要极限

顾名思义,两个重要极限非常重要,实际中往往借助两个重要极限求极限. 为此,下面不加证明地给出两个重要极限.

1. 第一个重要极限

把 $\lim\limits_{x\to 0}\dfrac{\sin x}{x} = 1$ 称为**第一个重要极限**.

第一个重要极限为"$\dfrac{0}{0}$"型,只要分子 $\sin$ 后整体与分母一样,则该极限必为 1,这就是第一个重要极限的实质,即设 α 为某种趋势…下的无穷小($\alpha\neq 0$),则第一个重要极限的实质为 $\lim\limits_{x\to 0}\dfrac{\sin\alpha}{\alpha} = 1$.

借助第一个重要极限求极限,往往用到三角公式的恒等变形. 下面是几个借助第一个重要极限求极限的例题.

例 12　求 $\lim\limits_{x \to 0} \dfrac{\tan x}{x}$.

解　$\lim\limits_{x \to 0} \dfrac{\tan x}{x} = \lim\limits_{x \to 0} \left(\dfrac{\sin x}{x} \cdot \dfrac{1}{\cos x} \right) = \lim\limits_{x \to 0} \dfrac{\sin x}{x} \cdot \lim\limits_{x \to 0} \dfrac{1}{\cos x} = 1 \times 1 = 1$.

该结果与第一个重要极限起同等重要的作用,可以直接使用该结果.

例 13　求 $\lim\limits_{x \to 0} \dfrac{\sin 2x}{x}$.

解法 1　$\lim\limits_{x \to 0} \dfrac{\sin 2x}{x} = \lim\limits_{x \to 0} \left(\dfrac{\sin 2x}{2x} \times 2 \right) = 2 \lim\limits_{x \to 0} \dfrac{\sin 2x}{2x} = 2 \times 1 = 2$.

解法 2　$\lim\limits_{x \to 0} \dfrac{\sin 2x}{x} = \lim\limits_{x \to 0} \dfrac{2 \sin x \cos x}{x} = 2 \lim\limits_{x \to 0} \dfrac{\sin x}{x} \cdot \lim\limits_{x \to 0} \cos x = 2 \times 1 \times 1 = 2$.

例 14　求 $\lim\limits_{x \to 0} \dfrac{1 - \cos x}{x^2}$.

解　$\lim\limits_{x \to 0} \dfrac{1 - \cos x}{x^2} = \lim\limits_{x \to 0} \dfrac{2 \sin^2 \dfrac{x}{2}}{4 \left(\dfrac{x}{2} \right)^2} = \dfrac{1}{2} \lim\limits_{x \to 0} \dfrac{\sin^2 \dfrac{x}{2}}{\left(\dfrac{x}{2} \right)^2} = \dfrac{1}{2} \left(\lim\limits_{x \to 0} \dfrac{\sin \dfrac{x}{2}}{\dfrac{x}{2}} \right)^2 = \dfrac{1}{2} \cdot 1^2 = \dfrac{1}{2}$.

例 15　求 $\lim\limits_{\theta \to \frac{\pi}{2}} \dfrac{\cos \theta}{\dfrac{\pi}{2} - \theta}$.

解　因为 $\cos \theta = \sin \left(\dfrac{\pi}{2} - \theta \right)$,所以 $\lim\limits_{\theta \to \frac{\pi}{2}} \dfrac{\cos \theta}{\dfrac{\pi}{2} - \theta} = \lim\limits_{\theta \to \frac{\pi}{2}} \dfrac{\sin \left(\dfrac{\pi}{2} - \theta \right)}{\dfrac{\pi}{2} - \theta} = 1$.

2. 第二个重要极限

把 $\lim\limits_{x \to \infty} \left(1 + \dfrac{1}{x} \right)^x = \mathrm{e}$ 称为第二个重要极限.

第二个重要极限还有其他两种形式,即 $\lim\limits_{n \to \infty} \left(1 + \dfrac{1}{n} \right)^n = \mathrm{e}$,$\lim\limits_{x \to 0} (1 + x)^{\frac{1}{x}} = \mathrm{e}$.

第二个重要极限为"1^∞"型,只要底数为"$1 + \dfrac{1}{\text{指数}}$",则该极限必为 e,这就是第二个重要极限的实质,即设 α 为某种趋势…下的无穷小($\alpha \neq 0$),则第二个重要极限的实质为 $\lim\limits_{\cdots}(1 + \alpha)^{\frac{1}{\alpha}} = \mathrm{e}$.

借助第二个重要极限求极限,往往用到实数指数幂的计算公式. 下面是几个借助第二个重要极限求极限的例题.

例 16　求 $\lim\limits_{x \to \frac{\pi}{2}} (1 + \cot x)^{\tan x}$.

解　$\lim\limits_{x \to \frac{\pi}{2}} (1 + \cot x)^{\tan x} = \lim\limits_{x \to \frac{\pi}{2}} \left(1 + \dfrac{1}{\tan x} \right)^{\tan x} = \mathrm{e}$.

例 17　求 $\lim\limits_{x \to \infty} \left(1 + \dfrac{3}{x} \right)^x$.

解 $\lim\limits_{x\to\infty}\left(1+\dfrac{3}{x}\right)^{x}=\lim\limits_{x\to\infty}\left[\left(1+\dfrac{3}{x}\right)^{\frac{x}{3}}\right]^{3}=\left[\lim\limits_{x\to\infty}\left(1+\dfrac{3}{x}\right)^{\frac{x}{3}}\right]^{3}=\mathrm{e}^{3}.$

例 18 求 $\lim\limits_{x\to\infty}\left(\dfrac{2x-1}{2x+1}\right)^{x+\frac{3}{2}}.$

解法 1 $\lim\limits_{x\to\infty}\left(\dfrac{2x-1}{2x+1}\right)^{x+\frac{3}{2}}=\lim\limits_{x\to\infty}\left(1-\dfrac{2}{2x+1}\right)^{x+\frac{3}{2}}$，设 $t=-\dfrac{2}{2x+1}$，则 $x+\dfrac{3}{2}=1-\dfrac{1}{t}$，由于

当 $x\to\infty$ 时，$t\to0$，所以

$$\lim_{x\to\infty}\left(\frac{2x-1}{2x+1}\right)^{x+\frac{3}{2}}=\lim_{t\to0}(1+t)^{1-\frac{1}{t}}$$

$$=\lim_{t\to0}\left[(1+t)(1+t)^{-\frac{1}{t}}\right]$$

$$=\lim_{t\to0}\left[(1+t)^{\frac{1}{t}}\right]^{-1}=\mathrm{e}^{-1}.$$

解法 2 $\lim\limits_{x\to\infty}\left(\dfrac{2x-1}{2x+1}\right)^{x+\frac{3}{2}}=\lim\limits_{x\to\infty}\left(1+\dfrac{-2}{2x+1}\right)^{x+\frac{3}{2}}=\lim\limits_{x\to\infty}\left(1+\dfrac{1}{-x-\dfrac{1}{2}}\right)^{x+\frac{1}{2}+1}$

$$=\lim_{x\to\infty}\left(1+\frac{1}{-x-\dfrac{1}{2}}\right)^{x+\frac{1}{2}}\cdot\lim_{x\to\infty}\left(1+\frac{1}{-x-\dfrac{1}{2}}\right)$$

$$=\lim_{x\to\infty}\left(1+\frac{1}{-x-\dfrac{1}{2}}\right)^{\left(-x-\frac{1}{2}\right)\cdot(-1)}$$

$$=\lim_{x\to\infty}\left[\left(1+\frac{1}{-x-\dfrac{1}{2}}\right)^{-x-\frac{1}{2}}\right]^{-1}=\mathrm{e}^{-1}.$$

极限 e 不仅在数学里（如自然对数及微积分）十分重要，而且在许多实际问题里（例如化学反应等）也要用到.

例 19 设有游离物质 C_0 mol，假定在单位时间内此物质有 $p\%$ 起反应，求经过 t 单位时间后多少 mol 未起反应？

解 由假设知在一个单位时间内起反应的物质为 $\dfrac{p}{100}C_0$(mol)，尚未起反应的物质为

$$C_0-\frac{pC_0}{100}=C_0\left(1-\frac{p}{100}\right)(\mathrm{mol}),$$

同样，两个单位时间内未起反应的物质为

$$C_0\left(1-\frac{p}{100}\right)-C_0\left(1-\frac{p}{100}\right)\cdot\frac{p}{100}=C_0\left(1-\frac{p}{100}\right)^{2}(\mathrm{mol}),$$

t 单位时间内未起反应的物质为

$$C_0\left(1-\frac{p}{100}\right)^{t}(\mathrm{mol}).$$

上面是把反应看做是经过个别单位时间跳跃式地发生的，实际上反应是连续进行的. 因

此,为了接近实际,常将时间分得很短,不妨按 $\dfrac{1}{n}$ 单位时间来做. 此时 t 单位内未起反应的物质为 $C_0\left[1-\dfrac{1}{n}\left(\dfrac{p}{100}\right)\right]^{tn}=C_0\left(1+\dfrac{k}{n}\right)^{tn}\left(k=-\dfrac{p}{100}\right).$

当 n 愈大时,问题就越接近实际,因此问题的解为

$$C=\lim_{n\to\infty}C_0\left(1+\dfrac{k}{n}\right)^{tn}=C_0\lim_{n\to\infty}\left[\left(1+\dfrac{1}{n/k}\right)^{\frac{n}{k}}\right]^{kt}=C_0\mathrm{e}^{kt},\ \text{即}\ C=C_0\mathrm{e}^{kt}\left(k=-\dfrac{p}{100}\right).$$

例 20 由实验知,某细菌繁殖的速度在培养基充分等条件满足时与当时已有的数量 A_0 成正比,即 $v=kA_0\,(k>0$ 为比例常数),问经过时间 t 以后细菌的数量是多少?

解 为了计算出 t 时间末的数量,将时间间隔 $[0,t]$ 分成 n 等分。由于细菌的繁殖是连续变化的,在很短的一段时间内数量的变化很小,繁殖速度可近似看做不变. 因此,在第一段时间 $[0,\dfrac{t}{n}]$ 内细菌繁殖的数量为 $kA_0\dfrac{t}{n}$,第一段时间末细菌的数量为 $A_0\left(1+k\dfrac{t}{n}\right)$;同样,第二段时间末细菌的数量为 $A_0\left(1+k\dfrac{t}{n}\right)^2$;……以此类推,到最后一段时间末细菌的数量为 $A_0\left(1+k\dfrac{t}{n}\right)^n$.

显然,这是一个近似值,因为假设了在每一小段时间 $\left[\dfrac{i-1}{n}t,\dfrac{i}{n}t\right]$ 内细菌繁殖的速度不变,可以看出,当时间间隔分得越细(即 n 越大)时这个值越接近精确值,若对时间间隔无限细分(即 $n\to\infty$),则可求得其精确值,所以,经过时间 t 后细菌的总数

$$\lim_{n\to\infty}A_0\left(1+\dfrac{kt}{n}\right)^n=A_0\lim_{n\to\infty}\left(1+\dfrac{kt}{n}\right)^n$$

$$\xLeftarrow{\text{令}\left(1+\frac{kt}{n}\right)^n=\frac{1}{x}}A_0\lim_{x\to\infty}\left[\left(1+\dfrac{1}{x}\right)^x\right]^{kt}$$

$$=A_0\left[\lim_{x\to\infty}\left(1+\dfrac{1}{x}\right)^x\right]^{kt}$$

$$=A_0\mathrm{e}^{kt}.$$

1.3.3 无穷小的比较

当 $x\to0$ 时,x、x^2、x^3 均为无穷小,它们与 0 的距离不同,乘方的次数越高,与 0 的距离越近.

为了反映出自变量的同一变化过程中,不同的无穷小与 0 的差距,这里引入无穷小的比较.

1. 无穷小阶的概念

定义 1 设 α、β 为自变量在同一变化过程中的无穷小,β 为基本无穷小,且 $\beta\neq0$,则

(1)如果 $\lim\dfrac{\alpha}{\beta}=0$,则称 α 是比 β 较高阶的无穷小,记作 $\alpha=o(\beta)$;

(2)如果 $\lim\dfrac{\alpha}{\beta}=\infty$,则称 α 是比 β 较低阶的无穷小;

(3)如果 $\lim\dfrac{\alpha}{\beta}=c\neq0$,则称 α 与 β 是同阶无穷小;

特殊地,如果 $\lim\dfrac{\alpha}{\beta}=1$,则称 α 与 β 是等价无穷小,记作 $\alpha\sim\beta$.

例 21 比较当 $x\to\infty$ 时,无穷小 $\dfrac{1}{x}$ 与 $\dfrac{1}{x^2}$ 的阶的高低.

解 因为 $\lim\limits_{x\to\infty}\dfrac{\dfrac{1}{x}}{\dfrac{1}{x^2}}=\lim\limits_{x\to\infty}x=\infty$,所以,当 $x\to\infty$ 时,$\dfrac{1}{x}$ 是比 $\dfrac{1}{x^2}$ 较低阶的无穷小(或当 $x\to\infty$

时,$\dfrac{1}{x^2}$ 是比 $\dfrac{1}{x}$ 较高阶的无穷小).

例 22 比较当 $x\to0$ 时,无穷小 $\dfrac{1}{1-x}-1-x$ 与 x^2 的阶的高低.

解 因为 $\lim\limits_{x\to0}\dfrac{\dfrac{1}{1-x}-1-x}{x^2}=\lim\limits_{x\to0}\dfrac{1-(1+x)(1-x)}{x^2(1-x)}$

$$=\lim\limits_{x\to0}\dfrac{x^2}{x^2(1-x)}=\lim\limits_{x\to0}\dfrac{1}{1-x}=1\ .$$

所以,当 $x\to0$ 时,$\dfrac{1}{1-x}-1-x$ 与 x^2 是等价无穷小,即 $\dfrac{1}{1-x}-1-x\sim x^2$.

2. 无穷小量替换原理

等价无穷小的概念在微分学中有着重要的应用,而在求极限时,等价无穷小,能化繁为简,十分有用.

定理 1 设 α、β、α'、β' 为同一变化过程中的无穷小量,$\alpha\sim\alpha'$,$\beta\sim\beta'$,且 $\lim\dfrac{\alpha'}{\beta'}$ 存在(或

为 ∞),则 $\lim\dfrac{\alpha}{\beta}=\lim\dfrac{\alpha'}{\beta'}$.

利用等价无穷小的替换可以简化"$\dfrac{0}{0}$"型极限的计算.

下面不加证明地给出一些常用的等价无穷小,当 $x\to0$ 时有

$$x\sim\sin x\sim\tan x\sim\arcsin x\sim\arctan x\sim e^x-1\sim\ln(1+x);$$

$$1-\cos x\sim\dfrac{x^2}{2};$$

$$(1+x)^a-1\sim ax\ (a\neq0).$$

上述等价无穷小中的 x 可换成 α,但要注意 α 为某种趋势…下的无穷小($\alpha\neq0$)时才成立.

例 23 求 $\lim\limits_{x\to0}\dfrac{\sin 5x}{\tan 3x}$.

解 因为 $x\to0$ 时,$\sin 5x\sim5x$,$\tan 3x\sim3x$,于是有

$$\lim\limits_{x\to0}\dfrac{\sin 5x}{\tan 3x}=\lim\limits_{x\to0}\dfrac{5x}{3x}=\dfrac{5}{3}.$$

例 24 求 $\lim\limits_{x\to0}\dfrac{1-\cos x}{x\arcsin 2x}$.

解 因为 $x\to0$ 时,$1-\cos x\sim\dfrac{x^2}{2}$,$\arcsin 2x\sim2x$,于是有

$$\lim_{x\to 0}\frac{1-\cos x}{x\arcsin 2x}=\lim_{x\to 0}\frac{\dfrac{x^2}{2}}{x\cdot 2x}=\frac{1}{4}.$$

注意 等价无穷小替换是有原则的. 通常情况下,因子可以替换,但不能替换代数和中的一部分. 对于分子、分母中的代数和的替换必须是整体替换,否则会导致错误. 例如,

$$\lim_{x\to 0}\frac{\sin^3 x}{\tan x-\sin x}=\lim_{x\to 0}\frac{\sin^3 x}{\tan x(1-\cos x)}=\frac{x^3}{x\cdot\dfrac{x^2}{2}}=2.\ 若将分母中的\ \tan x、\sin x\ 用\ x\ 替换,有$$

$x-x=0$,显然这样是错误的,因为 0 与 $\tan x-\sin x$ 不等价(由于 $\lim\limits_{x\to 0}\dfrac{0}{\tan x-\sin x}=0$,而不等于 1).

训练任务 1.3

1. 计算下列极限:

$(1)\lim\limits_{x\to -1}\dfrac{x-2}{x^2+1}$;

$(2)\lim\limits_{x\to -2}\dfrac{x-2}{x^2-1}$;

$(3)\lim\limits_{x\to 2}\dfrac{x^2-4}{x-2}$;

$(4)\lim\limits_{x\to\infty}\dfrac{x^2-8x+1}{x^2+5}$;

$(5)\lim\limits_{x\to\infty}\dfrac{2x^2+x}{3x^4-x+1}$;

$(6)\lim\limits_{x\to\infty}\dfrac{x^4-8x+1}{x^2+5}$;

$(7)\lim\limits_{x\to\infty}\dfrac{(2x-3)^{20}(3x+1)^{30}}{(5x+1)^{50}}$;

$(8)\lim\limits_{x\to +\infty}\dfrac{\mathrm{e}^x-1}{\mathrm{e}^{2x}+1}$.

2. 计算下列极限:

$(1)\lim\limits_{n\to\infty}\dfrac{1+2+3+\cdots+n}{(n+3)(n+4)}$;

$(2)\lim\limits_{n\to\infty}\left(1+\dfrac{1}{2}+\dfrac{1}{4}+\cdots+\dfrac{1}{2^n}\right)$;

$(3)\lim\limits_{x\to 1}\left(\dfrac{1}{1-x}-\dfrac{1}{1-x^2}\right)$;

$(4)\lim\limits_{t\to 0}\left(\dfrac{1}{t}-\dfrac{1}{t^2+t}\right)$.

3. 计算下列极限:

$(1)\lim\limits_{x\to 0}\dfrac{x-\sin x}{x+\sin x}$;

$(2)\lim\limits_{x\to 0}\dfrac{\sin 2x-\sin\left(\dfrac{x}{2}\right)}{x}$;

$(3)\lim\limits_{x\to 0}\dfrac{1-\cos 2x}{x\sin x}$;

$(4)\lim\limits_{x\to 0}\dfrac{x(x+3)}{\sin x}$;

$(5)\lim\limits_{x\to\infty}\left(1+\dfrac{1}{x}\right)^{2x}$;

$(6)\lim\limits_{x\to 0}(1+2x)^{\frac{1}{x}}$;

$(7)\lim\limits_{x\to\frac{\pi}{2}}(1+\cot x)^{2\tan x}$;

$(8)\lim\limits_{x\to\infty}\left(1+\dfrac{1}{x+3}\right)^x$;

$(9)\lim\limits_{x\to\infty}\left(\dfrac{2x+3}{2x+1}\right)^{x+1}$.

4. 当 $x\to 0^+$ 时,下列无穷小与 x 相比是什么样的无穷小.

$(1)x+\sin x^2$; $(2)\sqrt{x}+\sin x$; $(3)\ln(1+2x)$; $(4)\sqrt{4+x}-2$.

5. 用无穷小等量代换的方法求下列极限:

$(1)\lim\limits_{x\to 0}\dfrac{\sin x^n}{(\sin x)^m}$ ($n>m$,且 n,m 都是正整数);

$(2)\lim\limits_{x\to 0}\dfrac{(\mathrm{e}^x-1)\sin x}{1-\cos x}$;

$(3)\lim\limits_{x\to 0}\dfrac{(x+2)\sin x}{\arcsin 2x}$;

$(4)\lim\limits_{x\to 0}\dfrac{\tan x-\sin x}{\ln(1-x^2)}$.

1.4 函数的连续性

在很多实际问题中,变量的变化常常是"连续"不断的. 例如,气温随时间而变化着,当时间的改变极为微小时,气温的改变也极为微小,这就是说,气温是"连续变化"的. 自然界的许多"连续变化"的现象在函数关系上的反映,就是函数的连续性. 作为研究微积分的基础,这里在给出函数连续定义的基础上,进一步讨论初等函数的连续性.

1.4.1 函数连续性的概念

1. 函数在点 x_0 处的连续性

定义 1 设函数 $f(x)$ 在点 x_0 处及其左右近旁有定义,如果 $\lim\limits_{x \to x_0} f(x) = f(x_0)$,则称函数 $f(x)$ 在点 x_0 处**连续**,x_0 称为 $f(x)$ 的**连续点**.

由该定义可见,函数 $f(x)$ 在点 x_0 处连续意味着满足以下 3 个条件:

(1) $f(x)$ 在点 x_0 处有定义;

(2) $\lim\limits_{x \to x_0} f(x)$ 存在;

(3) $\lim\limits_{x \to x_0} f(x) = f(x_0)$.

这 3 个条件是决定函数 $f(x)$ 在点 x_0 处连续的三要素,缺少其中任何一个要素,都将导致函数 $f(x)$ 在点 x_0 处不连续.

例 1 用定义 1 证明函数 $y = 2x^2 + 1$ 在点 $x = 1$ 处是连续的.

证明 (1) $f(1) = 3$;

(2) $\lim\limits_{x \to 1} f(x) = \lim\limits_{x \to 1} (2x^2 + 1) = 3$;

(3) $\lim\limits_{x \to 1} f(x) = f(1)$.

由定义 1 可知,函数 $y = 2x^2 + 1$ 在点 $x = 1$ 处连续.

定义 1 中的 $x \to x_0$,$f(x) \to f(x_0)$,也可表达为 x_0 处 x 的改变趋近于 0 时,$f(x)$ 的改变趋近于 0. 由此,可得到函数在点 x_0 处连续的等价定义.

定义 2 设函数 $f(x)$ 在点 x_0 处及其左右近旁有定义,如果当自变量 x 在点 x_0 处的增量 Δx 趋近于 0 时,函数 $y = f(x)$ 相应的增量 $\Delta y = f(x_0 + \Delta x) - f(x_0)$ 的极限趋近于 0,即 $\lim\limits_{\Delta x \to 0} \Delta y = \lim\limits_{\Delta x \to 0} [f(x_0 + \Delta x) - f(x_0)] = 0$,则称函数 $f(x)$ 在点 x_0 处连续.

函数在点 x_0 处连续可参见图 1-16.

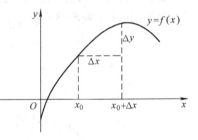

图 1-16

例 2 用定义 2 证明函数 $y = 2x^2 + 1$ 在点 $x = 1$ 处是连续的.

证明 $y = 2x^2 + 1$ 的定义域为一切实数,故 $y = 2x^2 + 1$ 在点 $x = 1$ 处及其左右近旁有定义. 当自变量在点 $x = 1$ 处有增量 Δx 时,函数相应的增量为

$$\Delta y = 2(1 + \Delta x)^2 + 1 - 3 = 4\Delta x + 2(\Delta x)^2.$$

因为 $\lim\limits_{\Delta x \to 0} \Delta y = \lim\limits_{\Delta x \to 0} [4\Delta x + 2(\Delta x)^2] = 0$,所以根据定义 2 可知,函数 $y = 2x^2 + 1$ 在 $x = 1$ 处是连续的.

函数在点 x_0 处的连续定义是在极限定义的基础上定义的,类似于单侧极限的定义,可

以定义函数在点 x_0 处左、右连续的定义.

如果 $\lim\limits_{x \to x_0^-} f(x) = f(x_0)$,则称 $f(x)$ 在点 x_0 处**左连续**.

如果 $\lim\limits_{x \to x_0^+} f(x) = f(x_0)$,则称 $f(x)$ 在点 x_0 处**右连续**.

由极限存在的充分必要条件可得,函数 $f(x)$ 在一点连续的充分必要条件是 $f(x)$ 在该点左连续且右连续.

2. 函数在区间上的连续性

定义 3 若函数 $f(x)$ 在开区间 (a,b) 内每一点都连续,则称 $f(x)$ 在开区间 (a,b) 内连续. 若函数在开区间 (a,b) 内连续,且在左端点 $x = a$ 右连续,在右端点 $x = b$ 左连续,则称函数 $f(x)$ 在闭区间 $[a,b]$ 上连续.

从图上看,在一个区间上的连续函数的图形是一条连续的曲线.

例 3 函数 $f(x) = \begin{cases} 2x+1, & x \leq 0, \\ \cos x, & x > 0 \end{cases}$ 在点 $x = 0$ 处是否连续.

解 $f(0) = 1$,$\lim\limits_{x \to 0^-} f(x) = \lim\limits_{x \to 0^-}(2x+1) = 1 = f(0)$,即 $f(x)$ 在点 $x = 0$ 处左连续,$\lim\limits_{x \to 0^+} f(x) = \lim\limits_{x \to 0^+} \cos x = 1 = f(0)$,即 $f(x)$ 在点 $x = 0$ 处右连续.

因 $f(x)$ 在 $x = 0$ 处左、右连续,故 $f(x)$ 在点 $x = 0$ 处连续.

1.4.2 函数的间断点

定义 4 设 $f(x)$ 在点 x_0 的某去心邻域内有定义. 若 $f(x)$ 在点 x_0 处不连续,则称 $f(x)$ 在点 x_0 **间断**,也称 x_0 为函数 $f(x)$ 的**间断点**.

由函数在点 x_0 处连续的定义可知,只要下列 3 种情况之一出现,则点 x_0 便是 $f(x)$ 的间断点.

(1) $f(x)$ 在 x_0 点的某去心邻域内有定义(此为一般条件,可以不说),在点 x_0 处没定义;

(2) 虽然 $f(x)$ 在点 x_0 处有定义,但 $\lim\limits_{x \to x_0} f(x)$ 不存在;

(3) 虽然 $f(x)$ 在点 x_0 处有定义,且 $\lim\limits_{x \to x_0} f(x)$ 存在,但 $\lim\limits_{x \to x_0} f(x) \neq f(x_0)$.

以下举例说明函数间断点的类型.

例 4 讨论下列函数在给定点的连续性:

(1) $f(x) = \dfrac{x^2 - 4}{x - 2}$ $(x = 2)$; (2) $f(x) = \begin{cases} x + 2, & x \neq 2, \\ 1, & x = 2 \end{cases}$ $(x = 2)$;

(3) $f(x) = \begin{cases} 1, & x < 0, \\ 0, & x = 0, \\ -1, & x > 0 \end{cases}$ $(x = 0)$;

(4) $f(x) = \dfrac{1}{x^2}$ $(x = 0)$.

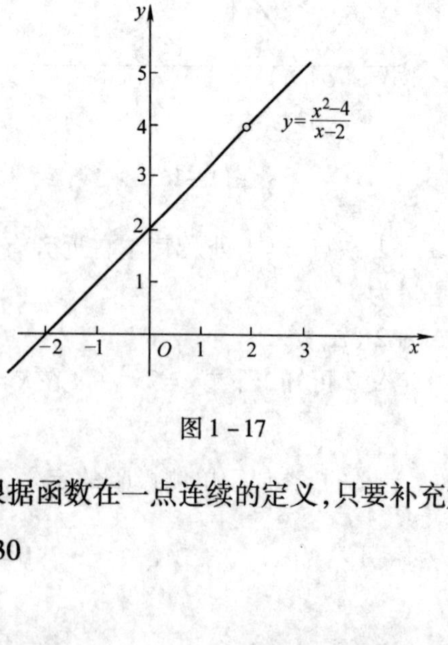

解 (1) $f(x)$ 在 $x = 2$ 点的某去心邻域内有定义,由于 $f(x)$ 在 $x = 2$ 处没有定义,因此 $x = 2$ 为 $f(x)$ 的间断点. 如图 1-17 所示.

在(1)中,虽然 $f(x)$ 在 $x = 2$ 处没有定义,但由于

$$\lim\limits_{x \to 2} f(x) = \lim\limits_{x \to 2} \frac{(x+2)(x-2)}{x - 2} = \lim\limits_{x \to 2}(x + 2) = 4,$$

图 1-17

根据函数在一点连续的定义,只要补充定义 $f(2) = 4$,就可以使函数 $f(x)$ 在点 $x = 2$ 连续.

（2）虽然 $f(x)$ 在点 $x=2$ 有定义 $f(2)=1$，且 $\lim\limits_{x\to2}f(x)=\lim\limits_{x\to2}(x+2)=4$ 存在，但由于 $\lim\limits_{x\to2}f(x)\neq f(2)$，所以 $x=2$ 为 $f(x)$ 的间断点，如图 1-18 所示.

在（2）中，虽然 $\lim\limits_{x\to2}f(x)=4$ 与 $f(2)=1$ 不相等，但 $\lim\limits_{x\to2}f(x)=4$ 存在，根据函数在一点连续的定义，只要把 $f(x)$ 在点 $x=2$ 的值改变定义为 $f(2)=4$，就可以使函数 $f(x)$ 在点 $x=2$ 连续.

把具有（1），（2）中所述特性（即 $\lim\limits_{x\to x_0}f(x)$ 存在）的间断点称为**可去间断点**. 因为只需补充或改变函数在间断点处的定义就可以使函数在该点连续.

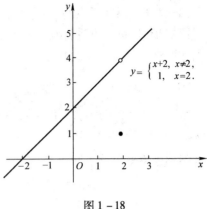

图 1-18

（3）虽然 $f(x)$ 在点 $x=0$ 有定义，但是 $\lim\limits_{x\to0^-}f(x)=\lim\limits_{x\to0^-}1=1$，$\lim\limits_{x\to0^+}f(x)=\lim\limits_{x\to0^+}(-1)=-1$.

因为 $f(x)$ 在 $x=0$ 处左右极限不等，所以 $\lim\limits_{x\to0}f(x)$ 不存在，故 $x=0$ 为 $f(x)$ 的间断点.

把具有（3）中所述特性（即左右极限均存在但不等）的间断点称为**跳跃间断点**.（3）中 $f(x)$ 在点 $x=0$ 处跳跃即是 $f(x)$ 在点 $x=0$ 处左右极限不等. 从图 1-19 可直观地看出函数 $f(x)$ 在点 $x=0$ 处发生了跳跃.

可去间断点与跳跃间断点的共同特点是函数在其间断点处的左右极限都存在. 我们把这一类间断点统称为**第一类间断点**.

（4）由于 $f(x)$ 在 $x=0$ 没有定义，所以 $x=0$ 为 $f(x)$ 的间断点. 如图 1-20 所示. 又因为 $\lim\limits_{x\to0}f(x)=\dfrac{1}{x^2}=\infty$，称这类间断点为 $f(x)$ 的**无穷间断点**.

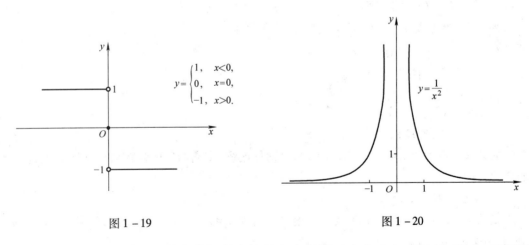

图 1-19   图 1-20

无穷间断点的特点是函数在其间断点处的左右极限至少有一个不存在. 把左、右极限不全存在的间断点统称为**第二类间断点**.

在例 4 中，所讨论的给定点为函数的无定义的点或分段函数的转折点，它们是间断点的可疑点. 求间断点分为两个步骤.

第一步(找出间断点的可疑点):找出函数的无定义的点或分段函数的转折点.

第二步(对可疑点进行判定):首先排除不研究的可疑点,然后对剩下的可疑点按间断点的 3 种情形作进一步的判定.

例 5 求 $f(x) = \dfrac{\ln(1+x)}{x(x-1)(x+2)}$ 的间断点的个数.

解 $1+x \leqslant 0, x=0, x-1=0, x+2=0$,即 $x \leqslant -1, x=0, x=1, x=-2$ 都使 $f(x)$ 无意义;而 $x \leqslant -1$ 为不研究的可疑点,$x=0$ 与 $x=1$ 为间断点的第一种情形.

故该函数共有两个间断点($x=0$ 与 $x=1$).

例 6 设 $f(x) = \begin{cases} \dfrac{\sqrt{x^2+1}-1}{x^2}, & x \neq 0, \\ 0, & x=0, \end{cases}$ 求 $f(x)$ 的间断点,并说明其类型.

解 $x=0$ 是该分段函数的转折点,是间断点的可疑点(使函数没有定义的点没有),$f(x)$ 在 $x=0$ 点的某去心邻域内有定义.

虽然 $f(x)$ 在点 $x=0$ 有定义,$f(0)=0$,

$$\lim_{x \to 0} f(x) = \lim_{x \to 0} \frac{\sqrt{x^2+1}-1}{x^2} = \lim_{x \to 0} \frac{(\sqrt{x^2+1}-1)(\sqrt{x^2+1}+1)}{x^2(\sqrt{x^2+1}+1)}$$

$$= \lim_{x \to 0} \frac{x^2}{x^2(\sqrt{x^2+1}+1)} = \lim_{x \to 0} \frac{1}{\sqrt{x^2+1}+1} = \frac{1}{2}$$

也存在,但 $\lim\limits_{x \to 0} f(x) \neq f(0)$,故 $x=0$ 是 $f(x)$ 的第一类可去间断点.

当修改 $x=0$ 处的函数值,即让 $f(0) = \dfrac{1}{2}$ 时,$f(x)$ 在 $x=0$ 处就连续.

1.4.3 初等函数的连续性

1. 连续函数的四则运算

定理 1 设函数 $f(x)$ 与 $g(x)$ 在点 x_0 处连续,则

(1) $f(x) \pm g(x)$ 在点 x_0 处连续;

(2) $f(x)g(x)$ 在点 x_0 处连续;

(3) $\dfrac{f(x)}{g(x)}(g(x_0) \neq 0)$ 在点 x_0 处连续.

2. 反函数的连续性

定理 2 若函数 $y=f(x)$ 在某区间上单调且连续,则它的反函数在对应的区间上也单调且连续.

3. 复合函数的连续性

定理 3 设函数 $y=f(u)$ 在点 u_0 处连续,函数 $u=\varphi(x)$ 在 x_0 点处连续,且 $\varphi(x_0)=u_0$,则复合函数 $y=f[\varphi(x)]$ 在点 x_0 处连续.

4. 初等函数的连续性

由以上定理很容易得出如下结论,**基本初等函数在其定义域内连续**.

由初等函数的定义及上述结论与定理,我们便可得到以下重要结论,**初等函数在其定义区间内连续**.

例7 求 $f(x) = x\cos\dfrac{1}{x}$ 的间断点和连续区间.

解 因为 $f(x)$ 在 $x = 0$ 处没有定义,所以 $x = 0$ 为函数的间断点.

函数 $f(x)$ 的定义区间为 $(-\infty, 0) \cup (0, +\infty)$,由于 $f(x)$ 是初等函数,所以连续区间为 $(-\infty, 0) \cup (0, +\infty)$.

求初等函数在其定义区间内一点的极限时,可直接转化为求初等函数在该点的函数值,即 $\lim\limits_{x \to x_0} f(x) = f(x_0)$.

例8 求 $\lim\limits_{x \to 0} \sqrt{1 - x^2}$.

解 $y = \sqrt{1 - x^2}$ 是一个初等函数,$x = 0$ 是它的定义区间 $[-1, 1]$ 内的一点,所以

$$\lim_{x \to 0} \sqrt{1 - x^2} = \sqrt{1 - 0^2} = 1.$$

例9 求 $\lim\limits_{x \to 0} \ln \cos x$.

解 $y = \ln \cos x$ 是一个初等函数,$x = 0$ 是它的一个定义区间 $\left(-\dfrac{\pi}{2}, \dfrac{\pi}{2}\right)$ 内的一点,所以

$$\lim_{x \to 0} \ln \cos x = \ln \cos 0 = 0.$$

5. 关于复合函数的极限

定理4 如果函数 $u = \varphi(x)$ 在自变量的某种变化趋势…下存在极限且等于 u_0,即 $\lim \varphi(x) = u_0$,而函数 $y = f(u)$ 在 u_0 点连续,那么复合函数 $y = f[\varphi(x)]$ 在自变量的该种变化趋势下的极限也存在,且等于 $f(u_0)$,即

$$\lim f[\varphi(x)] = f(u_0). \tag{1}$$

因为在该定理中 $\lim \varphi(x) = u_0$,所以式(1)也可写成

$$\lim f[\varphi(x)] = f[\lim \varphi(x)]. \tag{2}$$

因为在该定理中 $\lim\limits_{u \to u_0} f(u) = f(u_0)$,所以式(1)也可写成

$$\lim f[\varphi(x)] = \lim_{u \to u_0} f(u). \tag{3}$$

注意 式(2)表明,满足定理条件的复合函数的极限,其极限符号与函数符号 f 的次序可以交换;式(3)表明,满足定理条件,如果作代换 $u = \varphi(x)$,那么求 $\lim f[\varphi(x)]$,就化为求 $\lim\limits_{u \to u_0} f(u)$.

例10 求 $\lim\limits_{x \to \infty} e^{\frac{1}{x^2}}$.

解 $y = f[\varphi(x)] = e^{\frac{1}{x^2}}$ 可看做 $y = f(u) = e^u$ 与 $u = \varphi(x) = \dfrac{1}{x^2}$ 复合而成.

因为 $\lim\limits_{x \to \infty} \varphi(x) = \lim\limits_{x \to \infty} \dfrac{1}{x^2} = 0 = u_0$,而 $y = f(u) = e^u$ 在点 $u_0 = 0$ 连续,所以

$$\lim_{x \to \infty} e^{\frac{1}{x^2}} = \lim_{x \to \infty} f[\varphi(x)] = f\left[\lim_{x \to \infty} \varphi(x)\right] = e^0 = 1.$$

该题是通过极限符号与函数符号 f 的次序可以交换进行求解的.

例11 求 $\lim\limits_{x \to 3} \sqrt{\dfrac{x - 3}{x^2 - 9}}$.

解法 1　$y = f[\varphi(x)] = \sqrt{\dfrac{x-3}{x^2-9}}$ 可看做 $y = f(u) = \sqrt{u}$，$u = \varphi(x) = \dfrac{x-3}{x^2-9}$ 复合而成.

因为 $\lim\limits_{x \to 3} \varphi(x) = \lim\limits_{x \to 3} \dfrac{x-3}{x^2-9} = \dfrac{1}{6} = u_0$，而 $y = f(u) = \sqrt{u}$ 在点 $u_0 = \dfrac{1}{6}$ 连续，所以

$$\lim_{x \to 3} \sqrt{\frac{x-3}{x^2-9}} = \lim_{x \to 3} f[\varphi(x)] = f\left[\lim_{x \to 3} \varphi(x)\right] = \sqrt{\lim_{x \to 3}\left(\frac{x-3}{x^2-9}\right)} = \sqrt{\frac{1}{6}} = \frac{\sqrt{6}}{6}.$$

该解法也是通过极限符号与函数符号 f 的次序可以交换进行求解的.

解法 2　此题可归为利用因式分解消零因式的题型，即

$$\lim_{x \to 3} \sqrt{\frac{x-3}{x^2-9}} = \lim_{x \to 3} \sqrt{\frac{x-3}{(x-3)(x+3)}} = \lim_{x \to 3} \sqrt{\frac{1}{x+3}} = \frac{\sqrt{6}}{6}.$$

例 12　求 $\lim\limits_{x \to \infty} 2^{\frac{1}{x}}$.

解法 1　$y = f[\varphi(x)] = 2^{\frac{1}{x}}$ 可看做 $y = f(u) = 2^u$，$u = \varphi(x) = \dfrac{1}{x}$ 复合而成.

因为 $\lim\limits_{x \to \infty} \varphi(x) = \lim\limits_{x \to \infty} \dfrac{1}{x} = 0 = u_0$，而 $y = f(u) = 2^u$ 在点 $u_0 = 0$ 连续，令 $u = \dfrac{1}{x}$，当 $x \to \infty$ 时，$u \to 0$. 所以

$$\lim_{x \to \infty} 2^{\frac{1}{x}} = \lim_{u \to 0} 2^u = 1.$$

该解法是通过代换进行求解的.

解法 2　$y = f[\varphi(x)] = 2^{\frac{1}{x}}$ 可看做 $y = f(u) = 2^u$，$u = \varphi(x) = \dfrac{1}{x}$ 复合而成.

因为 $\lim\limits_{x \to \infty} \varphi(x) = \lim\limits_{x \to \infty} \dfrac{1}{x} = 0 = u_0$，而 $y = f(u) = 2^u$ 在点 $u_0 = 0$ 连续，所以

$$\lim_{x \to \infty} 2^{\frac{1}{x}} = 2^{\lim\limits_{x \to \infty} \frac{1}{x}} = 2^0 = 1.$$

该解法是通过极限符号与函数符号 f 的次序可以交换进行求解的.

此题的极限为 1 是显而易见的.

例 13　求 $\lim\limits_{x \to 0} \dfrac{\ln(1+x)}{x}$.

解　$\lim\limits_{x \to 0} \dfrac{\ln(1+x)}{x} = \lim\limits_{x \to 0} \ln(1+x)^{\frac{1}{x}} = \ln\left[\lim\limits_{x \to 0}(1+x)^{\frac{1}{x}}\right] = \ln \mathrm{e} = 1.$

该题是通过极限符号与函数符号 f 的次序可以交换进行求解的.

1.4.4　闭区间上连续函数的性质

闭区间上连续函数有很多重要性质，现以定理的形式给出几个最重要的性质，证明从略，仅从图形上给出直观的解释.

1. 最大值、最小值定理

定理 5　闭区间上的连续函数，必定在该区间上达到它的最大值和最小值.

如图 1-21 所示，函数 $f(x)$ 在闭区间 $[a, b]$ 上连续，它在点 ξ_1 处取得最大值 M，在点 ξ_2 处取得最小值 m.

注意　该定理中的闭区间和连续两个条件是必需的.

2. 介值定理

定理6 设函数 $f(x)$ 在 $[a,b]$ 上连续,则对于任一介于最大值 M 与最小值 m 之间的常数 $c(m \leq c \leq M)$,至少存在一点 $\xi \in [a,b]$,使得 $f(\xi)=c$. 该定理如图 1-22 所示.

闭区间 $[a,b]$ 上的连续函数 $y=f(x)$ 的图形,至少要与直线 $y=c$ 相交一次.

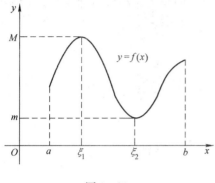

图 1-21

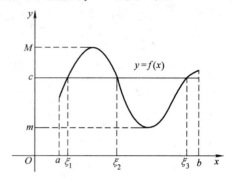

图 1-22

3. 零点存在定理

定理7 设函数 $f(x)$ 在 $[a,b]$ 上连续,且 $f(a) \cdot f(b) < 0$,则至少存在一个 $\xi \in (a,b)$,使得 $f(\xi)=0$. 该定理也称为根的存在定理,如图 1-23 所示.

连续函数 $y=f(x)$ 的图形从 x 轴下(或上)方的 A 点连续画到 x 轴上(或下)方的 B 点时,至少与 x 轴有一个交点 $(\xi,0)$. 此时,ξ 就是方程 $f(x)=0$ 在区间 (a,b) 上的一个根,即 $f(\xi)=0$.

例14 证明方程 $x^5 - 5x - 1 = 0$ 在 $(1,2)$ 内至少有一个根.

证明 设 $f(x) = x^5 - 5x - 1$,由于 $f(x)$ 是初等函数,因而它在闭区间 $[1,2]$ 上连续,又因为 $f(1) = -5 < 0$,$f(2) = 21 > 0$,所以 $f(1) \cdot f(2) < 0$. 由零点存在定理,在 $(1,2)$ 内至少存在一点 ξ,使 $f(\xi) = 0$,即方程 $x^5 - 5x - 1 = 0$ 在 $(1,2)$ 内至少有一个根.

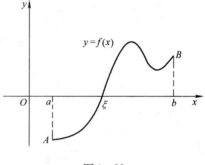

图 1-23

最值定理的应用将在第 2 章介绍.

阅读(科学史上最幸运的预言) 李文林在《数学史概论》中介绍,牛顿(1642—1727)于伽利略去世那年——1642 年(儒略历)的圣诞出生于英格兰林肯郡伍尔索普村一个农民家庭,他是遗腹子,且早产,生后勉强存活下来. 少年牛顿不是神童,成绩并不突出,但酷爱读书与玩具制作. 17 岁时,牛顿被母亲从他就读的格兰瑟姆中学召回田庄务农,但在牛顿的舅舅 W·埃斯库和格兰瑟姆中学校长史托克思的竭力劝说下,牛顿的母亲在 9 个月后又允许牛顿返校学习. 史托克思校长的劝说词中,有一句话可以说是科学史上最幸运的预言,他对牛顿的母亲说:"在繁杂的农务中埋没这样一位天才,对世界来说将是多么巨大的损失!"

训练任务 1.4

1. 讨论函数 $f(x) = \begin{cases} x^2 - 1, & 0 \leq x \leq 1, \\ x + 3, & x > 1 \end{cases}$ 在 $x = 0, x = \dfrac{1}{2}, x = 1, x = 2$ 各点的连续性,并画

出它的图像.

2. 求函数 $f(x) = \dfrac{x^3 + 3x^2 - x - 3}{x^2 + x - 6}$ 的连续区间,并求极限 $\lim\limits_{x \to 0} f(x)$, $\lim\limits_{x \to 2} f(x)$, $\lim\limits_{x \to -3} f(x)$.

3. 设函数 $f(x) = \begin{cases} \dfrac{x^2 - 9}{x - 3}, & x \neq 3, \\ A, & x = 3, \end{cases}$ 问 A 取何值时,函数 $f(x)$ 在 $(-\infty, +\infty)$ 内是连续的.

4. 求下列函数的间断点,并指明类型:

(1) $y = \dfrac{x^2 - 1}{x^2 - 3x + 2}$; (2) $y = \dfrac{1 - \cos x}{x^2}$; (3) $y = \dfrac{|x - 1|}{x - 1}$;

(4) $y = \begin{cases} x\sin \dfrac{1}{x}, & x > 0, \\ 1, & x \leqslant 0; \end{cases}$ (5) $y = \begin{cases} 3 + x^2, & x < 0, \\ \dfrac{\sin 3x}{x}, & x > 0. \end{cases}$

5. 计算下列极限:

(1) $\lim\limits_{x \to 3} \dfrac{2}{\sqrt{1 + x}}$; (2) $\lim\limits_{x \to -2} \dfrac{2x^2 + 1}{x + 1}$; (3) $\lim\limits_{x \to e}(x\ln x + 2x)$;

(4) $\lim\limits_{x \to -1} \dfrac{e^x + 1}{x}$; (5) $\lim\limits_{x \to \frac{\pi}{4}} \dfrac{\sin x - \cos x}{\cos 2x}$; (6) $\lim\limits_{x \to 0} \dfrac{\sqrt{1 + x} - 1}{x}$.

6. 证明方程 $x \cdot 2^x = 1$ 在 $(0, 1)$ 内至少有一个根.

第1章能力训练项目

一、单项选择题

1. 函数 $y = \sqrt{5 - x} + \lg(x - 1)$ 的定义域是(   ).
A. $(0, 5]$ B. $(1, 5]$ C. $(1, 5)$ D. $(1, +\infty)$

2. 函数 $f(x) = \sqrt{2 + x} + \dfrac{1}{\lg(1 + x)}$ 的定义域是(   ).

A. $(-2, +\infty)$ B. $(-1, +\infty)$

C. $[-2, 0) \cup (0, +\infty)$ D. $(-1, 0) \cup (0, +\infty)$

3. 下列各对函数中,为同一个函数的是(   ).

A. $f(x) = \sqrt{x^2}, g(x) = (\sqrt{x})^2$ B. $f(x) = (\sqrt{x^2}), g(x) = x$

C. $f(x) = x, g(x) = \dfrac{x^2}{x}$ D. $f(x) = |x|, g(x) = \sqrt{x^2}$

4. 下列各对函数中,两函数相同的是(   ).

A. $f(x) = \dfrac{x}{x}, g(x) = 1$ B. $f(x) = x, g(x) = (\sqrt{x})^2$

C. $f(x) = |x|, g(x) = \sqrt{x^2}$ D. $f(x) = \ln x^2, g(x) = 2\ln x$

5. 下列函数中是奇函数的是(   ).

A. $f(x) = x^2\cos x$ B. $g(x) = \arccos x$

C. $\varphi(x) = \dfrac{a^x + a^{-x}}{2}$ D. $h(x) = \ln \dfrac{1 + x}{1 - x}$

6. 函数 $y = -\dfrac{|x|}{x}$ 是( ).

A. 奇函数　　　　　　　　　　B. 偶函数

C. 既是奇函数,又是偶函数　　D. 既不是奇函数,又不是偶函数

7. 下列函数中为偶函数的是( ).

A. $x + \sin x$　　　B. $x^2 \sin x$　　　C. $\dfrac{1 + x^2}{1 - x^2}$　　　D. $\ln \dfrac{1 - x}{1 + x}$

8. 函数 $f(x)$ 在 $x = x_0$ 处有定义,是 $x \to x_0$ 时 $f(x)$ 极限存在的( ).

A. 必要条件　　　B. 充分条件　　　C. 充要条件　　　D. 无关条件

9. 若 $\lim\limits_{x \to x_0^-} f(x) = A$, $\lim\limits_{x \to x_0^+} f(x) = A$,则下列说法正确的是( ).

A. $f(x_0) = A$　　　　　　　　B. $\lim\limits_{x \to x_0} f(x) = A$

C. $f(x)$ 在 x_0 点有定义　　　D. $f(x)$ 在 x_0 点连续

10. 设 $f(x) = \dfrac{|x|}{x}$,则 $\lim\limits_{x \to 0} f(x)$ 是( ).

A. 1　　　　　B. -1　　　　　C. 不存在　　　　D. 0

11. 下列函数中,当 $x \to 0^+$ 时,为无穷大的是( ).

A. 2^{-x}　　　B. 2^x　　　C. e^{-x}　　　D. $e^{\frac{1}{x}}$

12. $\ln x$ 当 $x \to 0^+$ 时,$\dfrac{\sin x}{1 + \cos x}$ 当 $x \to 0$ 时,极限分别是( ).

A. 无穷大,无穷小　　　　B. 无穷小,无穷大

C. 无穷大,无穷大　　　　D. 无穷小,无穷小

13. 若变量 $f(x) = \dfrac{x^2 - 1}{(x - 1)(\sqrt{x^2 + 1})}$ 是无穷小量,则 x 的变化趋势是( ).

A. $x \to 1$　　　B. $x \to -1$　　　C. $x \to 0$　　　D. $x \to \infty$

14. $\lim\limits_{x \to \infty} \dfrac{\sin x}{x}$( ).

A. 等于1　　　B. 等于0　　　C. 等于 -1　　　D. 不存在

15. 设 $f(x) = \begin{cases} 3x + 2, & x \le 0, \\ x^2 - 2, & x > 0, \end{cases}$ 则 $\lim\limits_{x \to 0^+} f(x) = ($).

A. -2　　　B. 2　　　C. -1　　　D. 0

16. 函数 $f(x) = \begin{cases} x - 2, & x < 0, \\ x + 2, & x \ge 0, \end{cases}$ 则 $\lim\limits_{x \to 0} f(x)$ 为( ).

A. 2　　　B. -2　　　C. -2 或 2　　　D. 不存在

17. $\lim\limits_{x \to 1} \dfrac{\sin(1 - x^2)}{1 - x} = ($).

A. 1　　　B. 2　　　C. $\dfrac{1}{2}$　　　D. 0

18. $\lim\limits_{x \to \infty} \left(1 + \dfrac{1}{2x}\right)^{-x} = ($).

A. e^{-1} B. e^{1} C. $e^{-\frac{1}{2}}$ D. e^{2}

19. 下列极限中,极限值为 e 的是(   ).

A. $\lim\limits_{x\to 0}\left(1+\dfrac{\sin x}{x}\right)^{\frac{x}{\sin x}}$ B. $\lim\limits_{x\to\infty}\left(1+\dfrac{\sin x}{x}\right)^{\frac{x}{\sin x}}$

C. $\lim\limits_{x\to\infty}\left(1-\dfrac{\sin x}{x}\right)^{\frac{\sin x}{x}}$ D. $\lim\limits_{x\to 0}\left(1-\dfrac{\sin x}{x}\right)^{\frac{x}{\sin x}}$

20. 下列说法正确的是(   ).

A. 无穷小的倒数是无穷大   B. 两个无穷小的商是无穷小

C. 若 $f(x)$ 在 x_0 点有定义,且 $\lim\limits_{x\to x_0}f(x)$ 存在,则 $f(x)$ 在 x_0 点连续

D. $\lim\limits_{x\to x_0^-}f(x)=\lim\limits_{x\to x_0^+}f(x)=f(x_0)$,则 $f(x)$ 在点 x_0 连续

21. 函数 $y=f(x)$ 在点 x_0 处极限存在是 $f(x)$ 在点 x_0 处连续的(   ).

A. 必要条件   B. 充分条件   C. 充要条件   D. 无关条件

22. 设函数 $f(x)=\begin{cases}\dfrac{\sin 3x}{x}, & x\ne 0,\\ k+1, & x=0\end{cases}$ 在 $x=0$ 处连续,则 $k=($).

A. 3   B. 2   C. 1   D. 0

23. 函数 $f(x)=\dfrac{x-2}{x^2-5x+6}$ 的间断点是(   ).

A. $x=2$ B. $x=3$ C. $x=2$ 和 $x=3$ D. $x=2$ 或 $x=3$

二、填空题

1. 函数 $f(x)=\dfrac{1}{\ln|x-2|}$ 的定义域是_____.

2. 函数 $f(x)=\sqrt{x^2-x-6}+\arcsin\dfrac{2x-1}{7}$ 的定义域是_____.

3. 若 $f(x)$ 的定义域 $[0,1]$,那么 $f(x^2)$ 的定义域为_____.

4. 设 $f(x)=\begin{cases}x-1, & -\infty<x\le 0,\\ 2^x, & 0<x<+\infty,\end{cases}$ 则 $f(0)=$_____ ,$f(1)=$_____ .

5. 若 $f(x)=\begin{cases}x+1, & x>0,\\ \pi, & x=0,\\ 0, & x<0,\end{cases}$ 则 $f\{f[f(-1)]\}=$_____.

6. 函数 $y=\ln\cos^2 x$ 的复合过程是_____.

7. $\lim\limits_{x\to 0}\left(1-\dfrac{2}{x-3}\right)=$_____.

8. 设 $f(x)=\begin{cases}3x+2, & x\le 0,\\ x^2-2, & x>0,\end{cases}$ 则 $\lim\limits_{x\to 0^+}f(x)=$_____.

9. 设 $f(x)=\begin{cases}x^2+2x-3, & x\le 1,\\ x, & 1<x<2,\\ 2x-2, & x\ge 2,\end{cases}$ 则 $\lim\limits_{x\to 0}f(x)=$_____ ;$\lim\limits_{x\to 1}f(x)=$_____ ;

$\lim\limits_{x \to 2} f(x) = $ _____ .

10. $\lim\limits_{n \to +\infty} \dfrac{2n^2 - 2n + 3}{3n^2 + 1} = $ _____ .

11. 若 $\lim\limits_{x \to x_0} f(x) = A$，则 $f(x)$ 和 A 的关系是 _____ .

12. 设 $y = x - 2\arctan x$，则 $\lim\limits_{x \to -\infty}(y - x) = $ _____ .

13. $\lim\limits_{x \to 0} \dfrac{\sin 3x}{4x} = $ _____ .

14. $\lim\limits_{x \to 2}\left[(2 - x)\sin\dfrac{1}{2 - x}\right] = $ _____ .

15. 如果 $\lim\limits_{x \to 0}\dfrac{3\sin mx}{2x} = \dfrac{2}{3}$，则 $m = $ _____ .

16. 如果 $x \to 0$ 时，无穷小 $1 - \cos x$ 与 $a\sin^2 x$ 等价，则 $a = $ _____ .

17. $\lim\limits_{x \to +\infty}\left(1 - \dfrac{1}{x}\right)^{2x} = $ _____ .

18. 当 $a = $ _____ 时，函数 $f(x) = \begin{cases} \dfrac{x^2 - 9}{x - 3}, & x \neq 3, \\ a, & x = 3 \end{cases}$ 在点 $x = 3$ 处连续.

19. 当 $k = $ _____ 时，函数 $f(x) = \begin{cases} \dfrac{1}{x}\sin x, & x < 0, \\ k, & x = 0, \\ x\sin\dfrac{1}{x} + 1, & x > 0 \end{cases}$ 在点 $x = 0$ 处连续.

20. 函数 $f(x) = \dfrac{x - 1}{x^2 + x - 2}$ 的连续区间是 _____ .

21. 若 $y = f(x)$ 是连续的奇函数，且 $f(-1) = 1$，则 $\lim\limits_{x \to 1} f(x) = $ _____ .

22. 函数 $f(x) = \dfrac{x^2 - 1}{x + 1}$ 的间断点是 _____ ，函数 $\varphi(x) = e^{\frac{1}{x}}$ 的间断点是 _____ ，函数 $g(x) = \begin{cases} x^2 + 1, & x > 0, \\ x - 1, & x \leq 0 \end{cases}$ 的间断点是 _____ .

三、计算题

1. 求下列函数的定义域：

(1) $y = \ln\dfrac{x - 1}{2 - x}$；　　　　　　　　(2) $y = \sqrt{\sin x} + \dfrac{1}{\sqrt{16 - x^2}}$；

(3) $y = \arcsin\dfrac{2x}{x^2 + 1}$；　　　　　　　(4) $f(x) = \begin{cases} -1, & 0 < x < 1, \\ 1, & x > 1; \end{cases}$

(5) $f(x) = \dfrac{1}{\sqrt{x^2 - 2x - 3}}$．

2. 指出下列复合函数的复合过程：

(1) $y = \sin^2 2x$；　　　　　　　　(2) $y = a^{\cos^2 x}$；

$(3) y = \log_a \tan(x - 1);$ $\qquad$ $(4) y = \arccos[\ln(x^2 - 1)].$

3. 判断下列函数的奇偶性：

$(1) f(x) = 1 + \cos x;$ $\qquad$ $(2) f(x) = x \cdot \dfrac{a^x - 1}{a^x + 1} \quad (a > 0 \text{ 且 } a \neq 1);$

$(3) f(x) = \arcsin \dfrac{1}{x}.$

4. 求下列各极限：

$(1) \lim\limits_{x \to \frac{\pi}{4}} (x \tan x - 1);$ $\qquad$ $(2) \lim\limits_{x \to 1} \dfrac{x^4 - 1}{x^3 - 1};$ $\qquad$ $(3) \lim\limits_{x \to 3} \dfrac{x^2 - 5x + 6}{x^2 - 8x + 15};$

$(4) \lim\limits_{x \to \infty} \dfrac{2x^2 + 1}{1 - x^2};$ $\qquad$ $(5) \lim\limits_{x \to \infty} \dfrac{3x^3 + 2}{1 - 2x^2};$ $\qquad$ $(6) \lim\limits_{x \to \infty} \dfrac{1 + x^2}{1 - x^3};$

$(7) \lim\limits_{x \to \infty} \dfrac{x^2 + 1}{x^3 + 1} (3 + \cos x);$ $\qquad$ $(8) \lim\limits_{x \to 0} \dfrac{\tan 3x}{x};$ $\qquad$ $(9) \lim\limits_{x \to 0} \dfrac{x^2}{\sin^2 \frac{x}{2}};$

$(10) \lim\limits_{x \to \infty} (\sqrt{x^2 + 1} - \sqrt{x^2 - 1});$ $\qquad$ $(11) \lim\limits_{x \to 0} \dfrac{\sqrt{1 + x^2} - 1}{x};$

$(12) \lim\limits_{x \to 1} \dfrac{\sqrt{3 - x} - \sqrt{1 + x}}{x^2 - 1};$ $\qquad$ $(13) \lim\limits_{x \to +\infty} \sqrt{x} (\sqrt{x + a} - \sqrt{x});$

$(14) \lim\limits_{x \to 0} \dfrac{\tan x - \sin x}{x(1 - \cos 2x)};$ $\qquad$ $(15) \lim\limits_{n \to \infty} 2^n \sin \dfrac{x}{2^n} (x \neq 0);$

$(16) \lim\limits_{x \to 0} \dfrac{x - \sin x}{x + \sin x};$ $\qquad$ $(17) \lim\limits_{x \to 0} (1 + \sin x)^x;$ $\qquad$ $(18) \lim\limits_{x \to \infty} \left(\dfrac{2x - 1}{2x + 1}\right)^x;$

$(19) \lim\limits_{x \to 0} (1 + 3x)^{\frac{1}{x} + 1};$ $\qquad$ $(20) \lim\limits_{x \to \infty} \left(\dfrac{x}{x + 1}\right)^{2x};$ $\qquad$ $(21) \lim\limits_{x \to 1} \dfrac{\sqrt{x} - 1}{\sqrt[4]{x} - 1};$

$(22) \lim\limits_{x \to 0} \dfrac{(1 - \cos x) \arcsin 2x}{x^3};$ $\qquad$ $(23) \lim\limits_{x \to 0} \sin x \cos \dfrac{1}{x};$

$(24) \lim\limits_{x \to 0} \dfrac{e^{-x} - 1}{x};$ $\qquad$ $(25) \lim\limits_{x \to \infty} \dfrac{x + \sin x}{x - \cos x};$

$(26) \lim\limits_{n \to \infty} \left(\dfrac{1 + 2 + 3 + \cdots + n}{n} - \dfrac{n}{2}\right).$

5. 设函数 $f(x) = \begin{cases} 2x, & 0 \leqslant x \leqslant 1, \\ 3 - x, & 1 < x \leqslant 2, \end{cases}$ 求 $\lim\limits_{x \to 1^-} f(x)$ 及 $\lim\limits_{x \to 1^+} f(x)$，并判断 $\lim\limits_{x \to 1} f(x)$ 是否存在.

6. 设 $f(x) = \dfrac{x^2 - 1}{|x - 1|}$，求 $\lim\limits_{x \to 1^+} f(x)$ 及 $\lim\limits_{x \to 1^-} f(x)$，并说明在 $x = 1$ 处的极限是否存在.

7. 讨论函数 $f(x) = \begin{cases} x^2, & 0 \leqslant x \leqslant 1, \\ 2 - x, & 1 < x \leqslant 2 \end{cases}$ 在 $x = 1$ 处的连续性.

8. 讨论函数 $f(x) = \begin{cases} x \sin \dfrac{1}{x}, & x > 0, \\ 1, & x = 0, \\ \dfrac{\sin x}{x}, & x < 0 \end{cases}$ 在 $x = 0$ 处的连续性. 若不连续，则 $x = 0$ 是何种

间断点.

9. 设 $f(x) = \begin{cases} \dfrac{1}{x-3}, & x > 2, \\ A, & x = 2, \\ 1-x, & x < 2, \end{cases}$ 分别求 $f(x)$ 在 $x=2$ 和 $x=1$ 时的左、右极限,并讨论 A 为何

值时,函数 $f(x)$ 在 $x=2$ 处连续.

第1章参考答案

训练任务1.1

1. (1) $[-2,2]$；   (2) $(-\infty,1)\cup(1,2)\cup(2,+\infty)$；

    (3) $(-2,0)\cup(0,1)$；   (4) $(-1,2)$.

2. (图略) $f(5)=2,f(-2)=4$.

3. (1) 不同,定义域不同；   (2) 相同,定义域和对应关系相同；

    (3) 相同,定义域和对应关系相同；   (4) 相同,定义域和对应关系相同；

    (5) 相同,定义域和对应关系相同.

4. (1) $y=x^3-1$；   (2) $y=\log_2(x-1)$；   (3) $y=\sqrt{\dfrac{1}{x}}$.

5. (1) 偶函数； (2) 非奇非偶函数； (3) 奇函数.

6. 设 $x_1,x_2\in(0,+\infty)$，$x_1>x_2$，则 $y(x_1)-y(x_2)=\lg x_1-\lg x_2=\lg\dfrac{x_1}{x_2}>0$. 所以，$y(x)$

在 $(0,+\infty)$ 内是增函数.

7. (1) 4π； (2) $\dfrac{\pi}{3}$； (3) π； (4) 2π.

8. (1) $y=\sqrt{2^x-1}$；   (2) $y=\arcsin x^2$；

    (3) $y=\cos\sqrt{x+1}$；   (4) $y=\dfrac{1}{\ln(x-1)}$.

9. $f[f(x)]=\dfrac{x-1}{x}$.

10. (1) $y=u^{10},u=1+2x$；   (2) $y=\ln u,u=\tan x$；

    (3) $y=u^3,u=\sin x$；   (4) $y=\sqrt{u},u=\tan v,v=\dfrac{x}{2}$；

    (5) $y=\mathrm{e}^u,u=\sqrt{v},v=x+1$；   (6) $y=\dfrac{1}{\sqrt{u}},u=\ln v,v=x^2-1$.

训练任务1.2

1. (1) 0； (2) 0； (3) 0；   (4) 0；   (5) 1； (6) $\dfrac{\sqrt{2}}{2}$.

2. 略.

3. $\lim\limits_{x\to1^+}f(x)=3$，$\lim\limits_{x\to1^-}f(x)=3$，$\lim\limits_{x\to1}f(x)=\lim\limits_{x\to1^+}f(x)=\lim\limits_{x\to1^-}f(x)=3$.

4. 因为 $\lim\limits_{x\to0^-}f(x)=1\neq\lim\limits_{x\to0^+}f(x)=-1$，所以 $\lim\limits_{x\to0}f(x)$ 不存在.

5. (3),(5)是无穷小;(1),(4)是无穷大.

6. (1) 0 (无穷小性质2); (2) 0 (无穷小性质4);
   (3) 0 (无穷小性质4); (4) 0 (无穷小性质1).

训练任务1.3

1. (1) $-\dfrac{3}{2}$; (2) $-\dfrac{4}{3}$; (3) 4; (4) 1;

   (5) 0; (6) ∞; (7) $\dfrac{2^{20}3^{30}}{5^{50}}$; (8) 0.

2. (1) $\dfrac{1}{2}$; (2) 2; (3) ∞; (4) 1.

3. (1) 0; (2) $\dfrac{3}{2}$; (3) 2; (4) 3;

   (5) e^2; (6) e^2; (7) e^2; (8) e; (9) e.

4. (1) 等价; (2) 低阶; (3) 同阶; (4) 同阶.

5. (1) 0; (2) 2; (3) 1; (4) 0.

训练任务1.4

1. $f(x)$ 在 $x=0$ 处右连续;在 $x=\dfrac{1}{2}$ 处连续;在 $x=1$ 处左连续;在 $x=2$ 处连续.(图略.)

2. $f(x)$ 的连续区间为 $(-\infty,-3)\cup(-3,2)\cup(2,+\infty)$;$\lim\limits_{x\to0}f(x)=f(0)=\dfrac{1}{2}$;$\lim\limits_{x\to2}f(x)=$

   ∞; $\lim\limits_{x\to-3}f(x)=\lim\limits_{x\to-3}\dfrac{x^2-1}{x-2}=-\dfrac{8}{5}$.

3. $A=6$.

4. (1) $x=2$ 是无穷间断点,$x=1$ 是可去间断点;
   (2) $x=0$ 是可去间断点;
   (3) $x=1$ 是跳跃间断点;
   (4) $x=0$ 是跳跃间断点;
   (5) $x=0$ 是可去间断点.

5. (1) 1; (2) -9; (3) 3e; (4) $-(e^{-1}+1)$; (5) $-\dfrac{\sqrt{2}}{2}$; (6) $\dfrac{1}{2}$.

6. 略.

能力训练项目

一、单项选择题

1. B. 2. D. 3. D. 4. C. 5. D. 6. A.
7. C. 8. D. 9. B. 10. C. 11. D. 12. A.
13. B. 14. B. 15. A. 16. D. 17. B. 18. C.
19. B. 20. D. 21. A. 22. B. 23. C.

二、填空题

1. $(-\infty,1)\cup(1,2)\cup(2,3)\cup(3,+\infty)$. 2. $[-3,-2]\cup[3,4]$.

3. $[-1,1]$. 4. $-1,2$. 5. $\pi+1$; 6. $y=\ln u,u=v^2,v=\cos x$. 7. $\dfrac{5}{3}$.

8. -2.　　9. -3,不存在,2.　　10. $\dfrac{2}{3}$.　　11. $f(x)=A+\alpha$,其中$\lim\limits_{x\to x_0}\alpha=0$.

12. π.　　13. $\dfrac{3}{4}$.　　14. 0.　　15. $\dfrac{4}{9}$.　　16. $\dfrac{1}{2}$.　　17. e^{-2};　　18. 6.

19. 1.　　20. $(-\infty,-2)\cup(-2,1)\cup(1,+\infty)$.　　21. -1.

22. $x=-1,x=0,x=0$.

三、计算题

1. (1) $(1,2)$;　　　　　　(2) $(-4,-\pi)\cup(0,\pi)$(提示:利用图像);

　　(3) $(-\infty,+\infty)$;　　(4) $(0,1)\cup(1,+\infty)$;　　(5) $(-\infty,-1)\cup(3,+\infty)$.

2. (1) $y=u^2,u=\sin v,v=2x$;　　(2) $y=a^u,u=v^2,v=\cos x$;

　　(3) $y=\log_a u,u=\tan v,v=x-1$;

　　(4) $y=\arccos u,u=\ln v,v=x^2-1$.

3. (1) 偶函数;　　(2) 偶函数;　　(3) 奇函数.

4. (1) $\dfrac{\pi}{4}-1$;　　(2) $\dfrac{4}{3}$;　　(3) $-\dfrac{1}{2}$;　　(4) -2;　　(5) ∞;　　(6) 0;

　　(7) 0;　　　(8) 3;　　　(9) 4;　　　(10) 0;　　(11) 0;　　(12) $-\dfrac{\sqrt{2}}{4}$;

　　(13) $\dfrac{a}{2}$;　　(14) $\dfrac{1}{4}$;　　(15) x;　　(16) 0;　　(17) 1;　　(18) e^{-1};

　　(19) e^3;　　(20) e^{-2};　　(21) 2;　　(22) 1;　　(23) 0;　　(24) -1;

　　(25) 1;　　　(26) $\dfrac{1}{2}$.

5. $\lim\limits_{x\to 1^-}f(x)=\lim\limits_{x\to 1^+}f(x)=\lim\limits_{x\to 1}f(x)=2$.

6. $f(x)=\begin{cases}x+1,&x>1,\\-x-1,&x<1,\end{cases}\lim\limits_{x\to 1^+}f(x)=\lim\limits_{x\to 1^+}(x+1)=2,\lim\limits_{x\to 1^-}f(x)=\lim\limits_{x\to 1^-}(-x-1)=-2,$

所以$\lim\limits_{x\to 1}f(x)$不存在.

7. 连续.

8. $\lim\limits_{x\to 0^+}f(x)=\lim\limits_{x\to 0^+}x\sin\dfrac{1}{x}=0,\lim\limits_{x\to 0^-}f(x)=\lim\limits_{x\to 0^-}\dfrac{\sin x}{x}=1$,所以$f(x)$在$x=0$处不连续,

$x=0$为跳跃间断点(第一类间断点).

9. $\lim\limits_{x\to 1^+}f(x)=\lim\limits_{x\to 1^+}(1-x)=0,\quad\lim\limits_{x\to 1^-}f(x)=\lim\limits_{x\to 1^-}(1-x)=0$;

　　$\lim\limits_{x\to 2^+}f(x)=\lim\limits_{x\to 2^+}\dfrac{1}{x-3}=-1,\lim\limits_{x\to 2^-}f(x)=\lim\limits_{x\to 2^-}(1-x)=-1$;

当$f(2)=-1$,即$A=-1$时,$f(x)$在$x=2$处连续.

第2章 一元函数微分学及应用

微分学是微积分的中心内容之一. 本章前 5 节主要介绍导数和微分的概念、计算方法与应用,后 4 节主要介绍多元函数微分学.

2.1 导数的概念

在解决实际问题时,还需要研究变量变化的"快慢"程度,如动点运动的速度,城市人口增长的速度,国民经济发展的速度,等等. 而这些问题只有在引入导数的概念以后,才能更好地说明这些量的变化情况.

2.1.1 引出导数概念的几个实例

案例 1(变速直线运动的瞬时速度) 先解释位置函数(第 1 章已简单介绍). 位置函数就是动点所处的位置 s 是时间 t 的函数. 设动点沿直线运动,在直线上引入原点和单位点(即表示实数 1 的点),使直线成为数轴. 此外,再取定一个时刻作为测量时间的零点. 设动点于时刻 t 在直线上的位置坐标为 s(简称位置 s). 这样,运动完全由某个函数 $s = f(t)$ 确定. 若这个函数对运动过程中所出现的 t 值有定义,即是位置函数.

再解释小学就知道的速度(指的是匀速运动的速度)概念. 所谓动点做匀速运动,即位置函数的变化是均匀的,也即动点所经过的位移与所花的时间成正比,称此比值为动点运动的速度,记作 v(v 为常数),即 $v = \dfrac{\Delta s}{\Delta t}$.

最后研究非匀速运动的动点在某一时刻(设为 t_0)的速度. 设时间由 t_0 变到 $t_0 + \Delta t$,动点的位置由 $f(t_0)$ 变到 $f(t_0 + \Delta t)$. 于是,在 $[t_0, t_0 + \Delta t]$ 这段时间内动点的平均速度

$$\bar{v} = \frac{\Delta s}{\Delta t} = \frac{f(t_0 + \Delta t) - f(t_0)}{\Delta t}.$$

这里,$\bar{v}$ 只能说明在 $[t_0, t_0 + \Delta t]$ 这段时间内动点运动的平均"快慢"程度,而不能说明在 t_0 这一瞬间的"快慢"程度,要想更好地说明动点在 t_0 时运动的"快慢"程度,就应尽量地让 Δt 靠近 0. 但无论 Δt 怎样靠近 0,仍然不能反映 t_0 时的情况. 不过,当 Δt 愈靠近 0,就愈接近 t_0 时的情况. 因此,很自然地,令 $\Delta t \to 0$,若 $\bar{v}$ 的极限存在,记为 $v(t_0)$,即

$$v(t_0) = \lim_{\Delta t \to 0} \bar{v} = \lim_{\Delta t \to 0} \frac{\Delta s}{\Delta t} = \lim_{\Delta t \to 0} \frac{f(t_0 + \Delta t) - f(t_0)}{\Delta t}.$$

这时就把这个极限值 $v(t_0)$ 称为动点在时刻 t_0 时的**瞬时速度**.

案例 2(线密度) 质量分布有 3 种:若物体是一条线段,则该质量分布就是线分布;若物体是一平面薄片,则该质量分布就是面分布;若物体是一立体,则该质量分布就是体分布.

由初中物理知道,对均匀物体(质量分布的变化是均匀的)而言,密度(以前的教材称比重)就是单位体积的质量.

既然质量分布有 3 种,那密度也有 3 种,即线密度、面密度和体密度. 现在研究非均匀线段的线密度.

设想一线段,质量在它上面按某确定的规律分布着. 设线段的一端为原点 O,线段 OP 的长度为 x(点 P 的坐标为 x),该线段 OP 的质量为 m,则 m 为 x 的函数 $m = f(x)$(质量线分布). 那么非均匀线段在某一点 P_0 的线密度应如何理解呢?

可以设线段 OP_0 的长度为 x_0(点 P_0 的坐标为 x_0),长度有一增量 Δx,对应质量也有一增量 $\Delta m = f(x_0 + \Delta x) - f(x_0)$,则 m 对 x 在区间 $[x_0, x_0 + \Delta x]$ 上的平均线密度

$$\bar{\rho} = \frac{\Delta m}{\Delta x} = \frac{f(x_0 + \Delta x) - f(x_0)}{\Delta x}.$$

这里 $\bar{\rho}$ 只能说明在 $[x_0, x_0 + \Delta x]$ 上 m 变化的平均"快慢"程度,而不能说明在 P_0 这一点 m 变化的"快慢"程度. 要想更好地说明在 P_0 这一点 m 变化的"快慢"程度,就应该尽量地让 Δx 靠近 0. 但无论 Δx 怎样靠近 0,仍然不能准确反映 P_0 点的情况. 不过,当 Δx 愈靠近 0,就愈接近点 P_0 的情况. 因此,很自然地,令 $\Delta x \rightarrow 0$,如果 $\bar{\rho}$ 的极限存在,记为 $\rho(x_0)$,即

$$\rho(x_0) = \lim_{\Delta x \rightarrow 0} \bar{\rho} = \lim_{\Delta x \rightarrow 0} \frac{\Delta m}{\Delta x} = \lim_{\Delta x \rightarrow 0} \frac{f(x_0 + \Delta x) - f(x_0)}{\Delta x}.$$

这时把这个极限值 $\rho(x_0)$ 称为该线段在给定点 P_0 的**线密度**.

案例 3(化学反应速度)(阅读) 化学反应速度,在此研究浓度对时间的变化率.

设有一级化学反应,反应物在 t_0 时浓度为 C_0,在时刻 t 时的浓度为 $C = f(t)$,现研究浓度 $f(t)$ 在 t_0 时的变化情况,即求浓度对时间在 t_0 时的变化率(反应速度).

先求浓度改变量:由时间改变量 $\Delta t = t - t_0$,求浓度改变量

$$\Delta C = f(t) - f(t_0).$$

再求浓度改变量与时间改变量之比,即平均速度:

$$\frac{C - C_0}{t - t_0} = \frac{f(t) - f(t_0)}{t - t_0} = \frac{\Delta C}{\Delta t}.$$

最后求平均速度的极限:

$$\lim_{t \rightarrow t_0} \frac{C - C_0}{t - t_0} = \lim_{t \rightarrow t_0} \frac{f(t) - f(t_0)}{t - t_0} = \lim_{\Delta t \rightarrow 0} \frac{\Delta C}{\Delta t},$$

这就是浓度在 t_0 时刻的**反应速度**.

2.1.2 导数的定义

虽然在 2.1.1 中介绍的 3 个案例的具体含义很不相同,但从抽象的数量关系来看,它们的实质是一样的,都归结为计算函数改变量与自变量改变量(绝对改变量)的比(平均变化率)和当自变量改变量趋于 0 时的极限(瞬时变化率或在某点处的变化率,也可以叫绝对变化率). 这种特殊的极限叫做函数的导数(即平均变化率的极限).

1. $f(x)$ 在点 x_0 处的导数定义

设函数 $y = f(x)$ 在点 x_0 的某个邻域内(以点 x_0 为中心的某个开区间)有定义,当自变量 x 在点 x_0 处取得增量 Δx(点 $x_0 + \Delta x$ 仍在该邻域内)时,函数 y 取得相应的增量 $\Delta y = f(x_0 + \Delta x) - f(x_0)$. 如果 Δy 与 Δx 之比当 $\Delta x \rightarrow 0$ 时的极限存在,则称函数 $y = f(x)$ 在点 x_0 处可导,并称这个极限为函数 $y = f(x)$ 在点 x_0 处的**导数**,记作 $y' \big|_{x = x_0}$,即

$$y' \big|_{x = x_0} = \lim_{\Delta x \rightarrow 0} \frac{\Delta y}{\Delta x} = \lim_{\Delta x \rightarrow 0} \frac{f(x_0 + \Delta x) - f(x_0)}{\Delta x}, \tag{1}$$

也可记作 $f'(x_0)$, $\dfrac{\mathrm{d}y}{\mathrm{d}x}\bigg|_{x=x_0}$ 或 $\dfrac{\mathrm{d}f(x)}{\mathrm{d}x}\bigg|_{x=x_0}$.

函数 $f(x)$ 在 x_0 处可导有时也说成 $f(x)$ 在点 x_0 具有导数或导数存在.

导数的定义式(1)也可取不同的形式,常见的有

$$f'(x_0) = \lim_{h \to 0} \frac{f(x_0+h) - f(x_0)}{h} \tag{2}$$

和

$$f'(x_0) = \lim_{x \to x_0} \frac{f(x) - f(x_0)}{x - x_0}. \tag{3}$$

其中 h 即自变量的增量 Δx.

如果导数的定义式(1)的极限不存在,就说函数 $y = f(x)$ 在点 x_0 处不可导. 如果不可导的原因是当 $\Delta x \to 0$ 时,比式 $\dfrac{\Delta y}{\Delta x} \to \infty$,那么为了方便起见,也往往说函数 $y = f(x)$ 在点 x_0 处的导数为无穷大(不可导).

2. 导函数

1 中讲的是函数在一点处的导数定义. 如果函数 $y = f(x)$ 在开区间 I 内的每点处都可导,就称函数 $f(x)$ 在开区间 I 内可导. 这时,对于任一 $x \in I$,都对应着 $f(x)$ 的一个确定的导数值. 这样就构成了一个新的函数,这个函数叫做原来函数(**原函数**)$y = f(x)$ 的**导函数**,记作 y', $f'(x)$, $\dfrac{\mathrm{d}y}{\mathrm{d}x}$ 或 $\dfrac{\mathrm{d}f(x)}{\mathrm{d}x}$.

在导数定义式(1)和(2)中只要把 x_0 换成 x,即得导函数的定义式:

$$y' = \lim_{\Delta x \to 0} \frac{f(x+\Delta x) - f(x)}{\Delta x} \tag{4}$$

或

$$f'(x) = \lim_{h \to 0} \frac{f(x+h) - f(x)}{h}. \tag{5}$$

需注意的是,在以上两式中,虽然 x 可以取区间 I 内的任何数值,但在求极限过程中,x 是常量,Δx 与 h 是变量.

需强调的是,导数 $f'(x_0)$ 是函数 $f(x)$ 在 x_0 处的变化率(平均变化率的极限),其定义式有 3 个,而 $f'(x_0) = \lim_{\cdots} \dfrac{f(x_0+\alpha) - f(x_0)}{\alpha}$ 是导数定义式的实质,其中 α 为某种趋势…下的无穷小($\alpha \neq 0$).

例1 设 $f(0) = 0$,$\lim\limits_{x \to 0} \dfrac{f(x)}{x}$ 存在,则 $\lim\limits_{x \to 0} \dfrac{f(2x)}{x} = ($　　$)$.

A. $f'(x)$　　　　B. $2f'(0)$　　　　C. $f'(0)$　　　　D. $\dfrac{1}{2} f'(0)$

解 因为 $f(0) = 0$,$\lim\limits_{x \to 0} \dfrac{f(x)}{x}$ 存在,所以 $f'(0) = \lim\limits_{x \to 0} \dfrac{f(x) - f(0)}{x - 0} = \lim\limits_{x \to 0} \dfrac{f(x)}{x}$ 存在.

故 $\lim\limits_{x \to 0} \dfrac{f(2x)}{x} = \lim\limits_{x \to 0} \left[2 \cdot \dfrac{f(0+2x) - f(0)}{2x} \right]$ 存在,且

$$\lim_{x \to 0} \frac{f(2x)}{x} = 2 \lim_{x \to 0} \frac{f(0+2x) - f(0)}{2x} = 2f'(0).$$

综上所述,应选 B.

3. $f'(x_0)$ 与 $f'(x)$ 的关系

区别:$f'(x_0)$ 是常量,而 $f'(x)$ 是变量.

联系:函数 $f(x)$ 在 x_0 处的导数 $f'(x_0)$ 就是导函数 $f'(x)$(简称导数)在点 $x = x_0$ 处的函数值,即

$$f'(x_0) = f'(x)\Big|_{x=x_0}. \tag{6}$$

一般来说,求导数 $f'(x_0)$ 时,先求导函数 $f'(x)$,再利用 $f'(x_0)$ 与 $f'(x)$ 的联系求出 $f'(x_0)$.

今后,在不引起混淆的情况下,导函数和导数统称为**导数**.

利用定义求函数 $y = f(x)$ 的导数,一般包括 3 个步骤:

(1)求函数的增量 $\Delta y = f(x + \Delta x) - f(x)$;

(2)计算比值 $\dfrac{\Delta y}{\Delta x} = \dfrac{f(x + \Delta x) - f(x)}{\Delta x}$;

(3)求极限 $y' = f'(x) = \lim\limits_{\Delta x \to 0} \dfrac{f(x + \Delta x) - f(x)}{\Delta x}$.

根据导数定义,2.1.1 中介绍的 3 个案例可以叙述为:

(1)线密度是质量分布 m 对 x 的导数,即 $\rho = m' = \dfrac{\mathrm{d}m}{\mathrm{d}x}$,此乃导数的物理意义;

(2)瞬时速度是位置函数 s 对时间 t 的导数,即 $v = s' = \dfrac{\mathrm{d}s}{\mathrm{d}t}$,这也是导数的物理意义;

(3)化学反应速度是浓度 C 对时间 t 的导数 $\dfrac{\mathrm{d}C}{\mathrm{d}t}$,此乃导数的化学意义.

由第 1 章介绍的案例 2(求曲线在某一点处的切线斜率问题)易知,曲线 $y = f(x)$ 在点 x 处的切线的斜率是曲线的纵坐标 y 对横坐标 x 的导数,即

$$\tan \alpha = f'(x) = \dfrac{\mathrm{d}y}{\mathrm{d}x}.$$

由此得出导数的几何意义.

2.1.3 导数的几何意义

函数 $y = f(x)$ 在点 x_0 处的导数 $f'(x_0)$ 在几何上表示曲线 $y = f(x)$ 上点 $M_0[x_0, f(x_0)]$ 处的切线的斜率,即

$$f'(x_0) = \tan \alpha, \tag{7}$$

其中 α 是切线的倾角(图 2 - 1).

如果 $y = f(x)$ 在点 x_0 处的导数为无穷大,这时曲线 $y = f(x)$ 的割线以垂直于 x 轴的直线 $x = x_0$ 为极限位置,即曲线 $y = f(x)$ 在点 $M_0[x_0, f(x_0)]$ 处具有垂直于 x 轴的切线 $x = x_0$.

如函数 $y = f(x) = \sqrt[3]{x}$ 在区间 $(-\infty, +\infty)$ 内连续(图 2 - 2),但在 $x = 0$ 处不可导. 这是因为在 $x = 0$ 处有 $\dfrac{f(0 + h) - f(0)}{h} = \dfrac{\sqrt[3]{h} - 0}{h} = \dfrac{1}{h^{\frac{2}{3}}}$,因而

$$\lim_{h \to 0} \dfrac{f(0 + h) - f(0)}{h} = \lim_{h \to 0} \dfrac{1}{h^{\frac{2}{3}}} = +\infty,$$

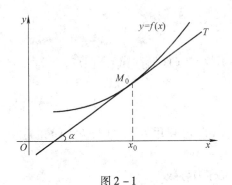

图 2 - 1

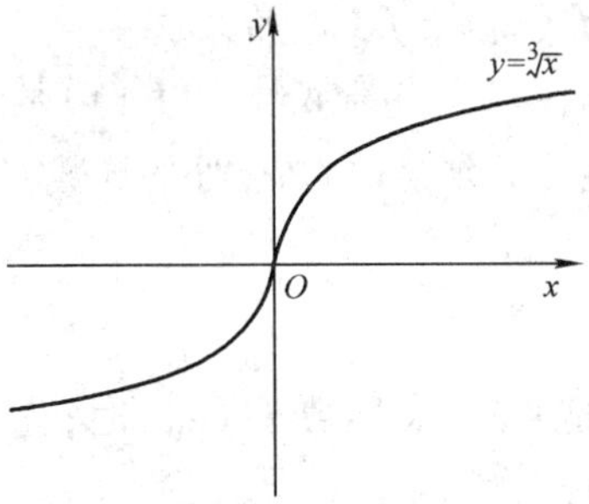

图 2 - 2

即导数为无穷大(注意:导数不存在).

在图形中表现为曲线 $y = \sqrt[3]{x}$ 在原点 O 具有垂直于 x 轴的切线 $x = 0$,即函数 $y = \sqrt[3]{x}$ 在 $x = 0$ 处不可导,曲线 $y = \sqrt[3]{x}$ 在 $x = 0$ 处的切线为 $x = 0$.

根据导数的几何意义并应用直线的点斜式方程,可知曲线 $y = f(x)$ 在点 $M_0(x_0, y_0)$ 处的**切线方程为**

$$y - y_0 = f'(x_0)(x - x_0).$$

过切点 M_0 且与切线垂直的直线称为曲线 $y = f(x)$ 在点 M_0 处的**法线**. 如果 $f'(x_0) \neq 0$,则法线的斜率为 $-\dfrac{1}{f'(x_0)}$,从而曲线 $y = f(x)$ 在点 $M_0(x_0, y_0)$ 处的**法线方程为**

$$y - y_0 = -\frac{1}{f'(x_0)}(x - x_0).$$

2.1.4 导数公式

利用定义求函数的导数一般是比较麻烦的,实际计算时,经常是利用导数公式来计算函数的导数. 可以证明如下导数公式.

(1) $(C)' = 0$;

(2) $(x^\alpha)' = \alpha x^{\alpha - 1}$;

(3) $(a^x)' = a^x \ln a$;

(4) $(e^x)' = e^x$;

(5) $(\log_a x)' = \dfrac{1}{x \ln a}$;

(6) $(\ln x)' = \dfrac{1}{x}$;

(7) $(\sin x)' = \cos x$;

(8) $(\cos x)' = -\sin x$;

(9) $(\tan x)' = \sec^2 x$;

(10) $(\cot x)' = -\csc^2 x$;

(11) $(\sec x)' = \sec x \cdot \tan x$;

(12) $(\csc x)' = -\csc x \cdot \cot x$;

(13) $(\arcsin x)' = \dfrac{1}{\sqrt{1 - x^2}}$ $(-1 < x < 1)$;

(14) $(\arccos x)' = -\dfrac{1}{\sqrt{1 - x^2}}$ $(-1 < x < 1)$;

(15) $(\arctan x)' = \dfrac{1}{1 + x^2}$ $(-\infty < x < +\infty)$;

(16) $(\text{arccot } x)' = -\dfrac{1}{1 + x^2}$ $(-\infty < x < +\infty)$.

例2 求下列函数的导数：

(1) $y = x^4$；   (2) $(\log_2 x)' \big|_{x=4}$.

解 (1) 由公式知 $(x^\alpha)' = \alpha x^{\alpha-1}$，故 $y' = (x^4)' = 4x^{4-1} = 4x^3$.

(2) 由公式知 $(\log_a x)' = \dfrac{1}{x\ln a}$，得 $(\log_2 x)' = \dfrac{1}{x\ln 2}$，所以

$$(\log_2 x)' \big|_{x=4} = \frac{1}{x\ln 2}\bigg|_{x=4} = \frac{1}{4\ln 2}.$$

例3 有一根质量不均匀的细棒 AB，长 20 cm. 已知 AM 段的质量 m 与从点 A 到点 M 的距离 x 的平方成正比，若 $AM = 2$ cm 时，质量为 8 g，求：

(1) 质量 m 与 x 之间的函数关系式；

(2) $AM = 2$ cm 处的线密度.

解 (1) $m = kx^2$ （k 为比例系数），因为 $x = 2$ 时 $m = 8$，所以 $k = 2$，因此 $m = 2x^2$；

(2) 由 $m'(x) = 4x$，得 $m'(2) = 8$. 故 $AM = 2$ cm 处的线密度为 8 (g/cm).

例4 求曲线 $y = \dfrac{1}{\sqrt{x}}$ 在点 $(1,1)$ 处切线的斜率，并写出曲线在该点处的切线方程和法线方程.

解 由导数的几何意义知，所求切线的斜率为 $k_1 = y' \big|_{x=1}$.

由于 $y' = \left(\dfrac{1}{\sqrt{x}}\right)' = \left(x^{-\frac{1}{2}}\right)' = -\dfrac{1}{2}x^{-\frac{3}{2}}$，于是 $k_1 = y' \big|_{x=1} = -\dfrac{1}{2}x^{-\frac{3}{2}}\big|_{x=1} = -\dfrac{1}{2}$，从而所求

切线方程为 $y - 1 = -\dfrac{1}{2}(x-1)$，即 $x + 2y - 3 = 0$.

由于所求法线的斜率为 $k_2 = -\dfrac{1}{k_1} = 2$，于是，所求法线方程为 $y - 1 = 2(x-1)$，即 $2x - y - 1 = 0$.

2.1.5 可导与连续的关系

定理1 如果函数 $y = f(x)$ 在点 x_0 处可导，那么函数 $y = f(x)$ 在点 x_0 处必连续（如果函数在某点处不连续，则函数在该点处必不可导）.

注意 此定理的逆定理不成立，即连续不一定可导（不可导不一定不连续）.

例如，函数 $y = \sqrt{x^2} = |x| = \begin{cases} x, & x \geqslant 0, \\ -x, & x < 0 \end{cases}$ 在点 $x = 0$ 处连续（图 2-3），但在该点不可导.

这是因为在点 $x = 0$ 处有 $\dfrac{\Delta y}{\Delta x} = \dfrac{\sqrt{(0+\Delta x)^2} - \sqrt{0^2}}{\Delta x} = \dfrac{|\Delta x|}{\Delta x}$，由于

$$\lim_{\Delta x \to 0^+} \frac{\Delta y}{\Delta x} = \lim_{\Delta x \to 0^+} \frac{|\Delta x|}{\Delta x} = 1, \quad \lim_{\Delta x \to 0^-} \frac{\Delta y}{\Delta x} = \lim_{\Delta x \to 0^-} \frac{|\Delta x|}{\Delta x} = -1,$$

所以 $\lim\limits_{\Delta x \to 0} \dfrac{\Delta y}{\Delta x}$ 不存在，即函数 $y = \sqrt{x^2}$ 在点 $x = 0$ 处不可导. 图 2-3 也能说明该事实.

由上面的讨论可知，函数在某一点处连续是函数在该点处可导的必要条件，但不是充分条件.

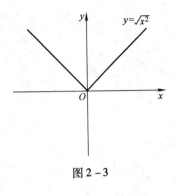

图 2-3

阅读（两部著作引导牛顿走上了创立微积分之路）

牛顿于 1661 年入剑桥大学三一学院,师从著名数学家巴罗教授,同时钻研伽利略、开普勒、笛卡儿和沃利斯等人的著作. 牛顿对微积分的研究开始于 1664 年秋(牛顿 22 岁),三一学院至今还保存着牛顿的读书笔记,从这些笔记可以看出,就数学思想的形成而言,笛卡儿的《几何学》和沃利斯的《无穷算术》对他影响最深,正是这两部著作引导牛顿走上了创立微积分之路.

训练任务 2.1

1. 已知物体的运动规律为 $s = t^3 (\mathrm{m})$,求物体在 $t = 2(\mathrm{s})$ 时的速度.

2. 设 $f'(x_0)$ 存在,按照导数定义观察下列极限,指出字母 A 所表示的意义.

(1) $\lim\limits_{\Delta x \to 0} \dfrac{f(x_0) - f(x_0 + \Delta x)}{\Delta x} = A$;   (2) $\lim\limits_{\Delta x \to 0} \dfrac{f(x_0 - \Delta x) - f(x_0)}{\Delta x} = A$.

3. 利用公式求下列各函数的导数:

(1) $y = 2^x$;   (2) $y = 3^x 5^x$;   (3) $y = \log_3 x$.

4. 求曲线 $y = x^3$ 在 $x = 2$ 处的切线方程与法线方程.

5. 在曲线 $y = x^{\frac{3}{2}}$ 上,哪一点处的切线与直线 $y = 3x - 1$ 平行.

6. 在抛物线 $y = x^2$ 上取横坐标分别为 $x_1 = 1$ 及 $x_2 = 3$ 的两点,作经过这两点的割线. 问该抛物线上哪一点的切线平行于这条割线.

2.2　导数的运算法则

本节将介绍函数的求导法则,利用它们和导数公式可以解决初等函数的导数计算问题.

2.2.1　导数的四则运算法则

1. 函数的和与差的求导法则

法则 1　设函数 $u(x)$ 和 $v(x)$ 均在点 x 处可导,则函数 $u(x) \pm v(x)$ 在点 x 处也可导,并且

$$[u(x) \pm v(x)]' = u'(x) \pm v'(x). \tag{1}$$

特殊地,

$$[u(x) + C]' = u'(x) \quad (C \text{ 为常数}). \tag{2}$$

这个法则对于有限个可导函数的和(差)也成立. 例如,

$$(u + v - w)' = u' + v' - w'. \tag{3}$$

2. 函数乘积的求导法则

法则 2　设函数 $u(x)$ 和 $v(x)$ 均在点 x 处可导,则函数 $u(x)v(x)$ 在点 x 处也可导,并且

$$[u(x)v(x)]' = u'(x) \cdot v(x) + u(x) \cdot v'(x). \tag{4}$$

特殊地,

$$[Cu(x)]' = C \cdot u'(x) \quad (C \text{ 为常数}). \tag{5}$$

上面的公式对于有限多个可导函数的积也成立. 例如,

$$(uvw)' = u'vw + uv'w + uvw'. \tag{6}$$

3. 函数的商的求导法则

法则 3 设函数 $u(x)$ 和 $v(x)$ 均在点 x 处可导,并且 $v(x) \neq 0$,则函数 $\dfrac{u(x)}{v(x)}$ 在点 x 处也可导,并且

$$\left(\frac{u}{v}\right)' = \frac{u'v - uv'}{v^2}. \tag{7}$$

特殊地,

$$\left(\frac{1}{v}\right)' = -\frac{1}{v^2}. \tag{8}$$

需要说明的是,式(7)是按照导数的第一种记法"y'"写出的(通常就这么写),式(7)若按照导数的第三种记法"$\dfrac{\mathrm{d}y}{\mathrm{d}x}$"写出,则应写成 $\dfrac{\mathrm{d}\left(\dfrac{u}{v}\right)}{\mathrm{d}x} = \dfrac{u'v - uv'}{v^2}$,但为了写法上的好看,上式通常写成 $\dfrac{\mathrm{d}}{\mathrm{d}x}\left(\dfrac{u}{v}\right) = \dfrac{u'v - uv'}{v^2}$.

例 1 已知 $f(x) = x^3 + 4\cos x + \sin\dfrac{\pi}{2}$,求 $f'\left(\dfrac{\pi}{2}\right)$.

解 因为 $f'(x) = 3x^2 - 4\sin x + 0$,所以 $f'\left(\dfrac{\pi}{2}\right) = \dfrac{3}{4}\pi^2 - 4$.

例 2 求函数 $y = x^2\ln x$ 的导数.

解 $y' = (x^2)'\ln x + x^2(\ln x)' = 2x\ln x + x^2 \cdot \dfrac{1}{x} = 2x\ln x + x$.

例 3 设 $f(x) = \dfrac{x\sin x}{1 + \cos x}$,求 $f'(x)$ 及 $f'\left(\dfrac{\pi}{2}\right)$.

解 $f'(x) = \dfrac{(x\sin x)' \cdot (1 + \cos x) - x\sin x \cdot (1 + \cos x)'}{(1 + \cos x)^2}$

$$= \frac{\left[(x)'\sin x + x(\sin x)'\right] \cdot (1 + \cos x) - x\sin x \cdot (-\sin x)}{(1 + \cos x)^2}$$

$$= \frac{(\sin x + x\cos x) \cdot (1 + \cos x) + x\sin^2 x}{(1 + \cos x)^2},$$

整理得 $\qquad f'(x) = \dfrac{x + \sin x}{1 + \cos x}; f'\left(\dfrac{\pi}{2}\right) = \dfrac{\dfrac{\pi}{2} + 1}{1 + 0} = 1 + \dfrac{\pi}{2}$.

该题中求 $f'(x)$ 与求 $\dfrac{\mathrm{d}}{\mathrm{d}x}\left(\dfrac{x\sin x}{1 + \cos x}\right)$ 是一回事,只是写法不同而已.

例 4 设 $y = 2\arcsin x + \arccos x - 10^x$,求 y'.

解 $y' = 2 \cdot \dfrac{1}{\sqrt{1 - x^2}} - \dfrac{1}{\sqrt{1 - x^2}} - 10^x\ln 10 = \dfrac{1}{\sqrt{1 - x^2}} - 10^x\ln 10$.

2.2.2 复合函数的求导法则

下面来研究函数 $y = \sin 2x$ 的导数. 由于 $y = \sin 2x = 2\sin x \cdot \cos x$,所以

$$y' = 2\left[(\sin x)'\cos x + \sin x(\cos x)'\right] = 2(\cos^2 x - \sin^2 x) = 2\cos 2x.$$

显然运算 $(\sin 2x)' = \cos 2x$ 是错误的,发生错误的原因是 $y = \sin 2x$ 是由 $y = \sin u$ 和 $u = 2x$ 组成的复合函数,不能直接应用正弦函数的导数公式.

复合函数的求导往往会用到复合函数的求导法则.下面介绍复合函数的求导法则.

法则 4 如果函数 $u = \varphi(x)$ 在点 x 处可导,而函数 $y = f(u)$ 在对应点 u 处可导,那么复合函数 $y = f[\varphi(x)]$ 在点 x 处可导,且其导数为

$$\frac{\mathrm{d}y}{\mathrm{d}x} = \frac{\mathrm{d}y}{\mathrm{d}u} \cdot \frac{\mathrm{d}u}{\mathrm{d}x} \qquad (9)$$

或

$$y' = f'(u) \cdot \varphi'(x), \qquad (10)$$

即 y 对自变量 x 的导数 y' 等于 y 对中间变量 u 的导数 $f'(u)$ 乘以中间变量 u 对自变量 x 的导数 $\varphi'(x)$.

注意 $f'(x)$ 表示 $f(x)$ 对 x 求导,而 $f'(u)$ 表示 $f(u)$ 对 u 求导,但 $[f(u)]'$ 表示 $f(u)$ 对自变量 x 求导,请见例5与例6.

复合函数的求导法则又称**链式法则**,它可以推广到多个中间变量的情形. 以两个中间变量为例,设 $y = f(u), u = \varphi(v), v = \psi(x)$,则复合函数 $y = f\{\varphi[\psi(x)]\}$ 的导数为

$$\frac{\mathrm{d}y}{\mathrm{d}x} = \frac{\mathrm{d}y}{\mathrm{d}u} \cdot \frac{\mathrm{d}u}{\mathrm{d}v} \cdot \frac{\mathrm{d}v}{\mathrm{d}x}. \qquad (11)$$

当然,这里假定上式右端所出现的导数在相应处都存在.

例 5 求下列函数的导数:

$(1) y = \sqrt[3]{2x^2 - 5}; \qquad (2) y = e^{x^2}.$

解 $(1) y = \sqrt[3]{2x^2 - 5}$ 由 $y = \sqrt[3]{u}$ 和 $u = 2x^2 - 5$ 复合而成,因此

$$\frac{\mathrm{d}y}{\mathrm{d}x} = \frac{\mathrm{d}y}{\mathrm{d}u} \cdot \frac{\mathrm{d}u}{\mathrm{d}x} = \frac{1}{3} u^{-\frac{2}{3}} \cdot 4x = \frac{1}{3}(2x^2 - 5)^{-\frac{2}{3}} \cdot 4x = \frac{4x}{3\sqrt[3]{(2x^2 - 5)^2}}.$$

注意 $y' = \dfrac{1}{3} u^{-\frac{2}{3}} \cdot 4x = \dfrac{1}{3}(2x^2 - 5)^{-\frac{2}{3}} \cdot 4x = \dfrac{4x}{3\sqrt[3]{(2x^2 - 5)^2}}$ 答案正确,而写法错误.

$(2) y = e^{x^2}$ 由 $y = e^u$ 和 $u = x^2$ 复合而成,因此 $\dfrac{\mathrm{d}y}{\mathrm{d}x} = \dfrac{\mathrm{d}y}{\mathrm{d}u} \cdot \dfrac{\mathrm{d}u}{\mathrm{d}x} = e^u \cdot 2x = 2xe^{x^2}.$

注意 $y' = (e^u)' \cdot (x^2)' = (e^u) \cdot 2x = 2xe^{x^2}$ 答案正确,但写法错误.

例 6 求下列函数的导数:

$(1) y = \ln \tan x; \qquad (2) y = \cos \dfrac{x^2}{5 + x}.$

解 $(1) y = \ln \tan x$ 由 $y = \ln u$ 和 $u = \tan x$ 复合而成,因此

$$\frac{\mathrm{d}y}{\mathrm{d}x} = \frac{\mathrm{d}y}{\mathrm{d}u} \cdot \frac{\mathrm{d}u}{\mathrm{d}x} = \frac{1}{u} \cdot \sec^2 x = \frac{1}{\tan x} \cdot \sec^2 x = \frac{1}{\sin x \cos x} = 2\csc(2x).$$

$(2) y = \cos \dfrac{x^2}{5 + x}$ 由 $y = \cos u$ 和 $u = \dfrac{x^2}{5 + x}$ 复合而成,由于

$$\frac{\mathrm{d}y}{\mathrm{d}u} = -\sin u, \frac{\mathrm{d}u}{\mathrm{d}x} = \frac{2x(5 + x) - 1(x^2)}{(5 + x)^2} = \frac{10x + x^2}{(5 + x)^2},$$

故

$$\frac{\mathrm{d}y}{\mathrm{d}x} = \frac{\mathrm{d}y}{\mathrm{d}u} \cdot \frac{\mathrm{d}u}{\mathrm{d}x} = -\sin u \cdot \frac{10x + x^2}{(5 + x)^2} = -\frac{10x + x^2}{(5 + x)^2} \cdot \sin \frac{x^2}{5 + x}.$$

在求复合函数的导数比较熟练时,一般不写出中间变量,而是直接求导.

例7 设 $y = \ln(1 + x^2)$,求 y'.

解 $y' = [\ln(1 + x^2)]' = \dfrac{1}{1 + x^2}(1 + x^2)' = \dfrac{2x}{1 + x^2}$.

例8 设 $y = \ln \sin 2x$,求 y'.

解 $y' = (\ln \sin 2x)' = \dfrac{1}{\sin 2x}(\sin 2x)'$

$$= \frac{1}{\sin 2x} \cdot \cos 2x \cdot (2x)' = \frac{1}{\sin 2x} \cdot \cos 2x \cdot 2 = 2\cot 2x.$$

例9 设 $y = \arctan \dfrac{x + 1}{x - 1}$,求 y'.

解 $y' = \left(\arctan \dfrac{x + 1}{x - 1}\right)' = \dfrac{1}{1 + \left(\dfrac{x + 1}{x - 1}\right)^2} \cdot \left(\dfrac{x + 1}{x - 1}\right)' = -\dfrac{1}{1 + x^2}$.

例10 设 $f'(x) = \dfrac{2x}{\sqrt{1 - x^2}}$,求 $\dfrac{d[f(\sqrt{1 - x^2})]}{dx}$.

解 由已知得

$$\frac{d[f(\sqrt{1 - x^2})]}{dx} = f'(\sqrt{1 - x^2}) \cdot \left(-\frac{x}{\sqrt{1 - x^2}}\right)$$

$$= \frac{2\sqrt{1 - x^2}}{\sqrt{1 - (\sqrt{1 - x^2})^2}} \cdot \left(-\frac{x}{\sqrt{1 - x^2}}\right) = -\frac{2x}{|x|}.$$

阅读(牛顿最为辉煌的时期) 1665 年 8 月,剑桥大学因瘟疫流行而关闭,牛顿离校返乡.随后在家乡躲避瘟疫的两年,竟成为牛顿科学生涯中的黄金岁月.1665 年 11 月,23 岁的牛顿发明了正流数术(即微分法),次年 5 月,又开始研究反流数术(即积分法).制定微积分,发现万有引力和颜色理论……可以说牛顿一生大多数科学创造的蓝图,都是在这两年描绘的,23~25 岁是牛顿最为辉煌的时期.

训练任务 2.2

1. 求下列函数的导数:

(1) $y = 3x^2 - \dfrac{2}{x^2} + 5$;   (2) $y = 5x^2 - \dfrac{1}{x} + 4\sin x$;

(3) $y = x^3 + \cos x$;   (4) $y = x^2(2 + \sqrt{x})$;   (5) $y = \dfrac{\ln x}{\sin x}$.

2. 求下列函数在给定点的导数:

(1) $y = \sin x + 2\cos x$,在 $x = 0$ 及 $x = \dfrac{\pi}{2}$ 处;

(2) $y = \sin x \cdot \sqrt{x}$,在 $x = \dfrac{\pi}{2}$ 处;   (3) $f(t) = \dfrac{1 - \sqrt{t}}{1 + \sqrt{t}}$,在 $t = 4$ 处.

3. 求下列函数的导数:

(1) $y = (2x + 5)^4$;   (2) $y = \sqrt{a^2 - x^2}$;   (3) $y = e^{x + 3}$;

$(4) y = \ln(1 - x)$; $\qquad$ $(5) y = \cos(4 - 3x)$; $\qquad$ $(6) y = \arctan(e^x)$.

4. 求下列函数的导数:

$(1) y = \ln x^2 + (\ln x)^2$; $\qquad$ $(2)\ \ y = e^{-\frac{x}{2}} \cos 3x$; $\qquad$ $(3) y = \ln(\sec x + \tan x)$;

$(4) y = \ln(\csc x - \cot x)$; $\qquad$ $(5) y = \dfrac{\sin 2x}{x}$; $\qquad$ $(6) y = \arcsin \sqrt{x}$.

5. 求下列函数的导数:

$(1) y = \left(\arcsin \dfrac{x}{2} \right)^2$; $\qquad$ $(2) y = \sqrt{1 + \ln^2 x}$; $\qquad$ $(3) y = e^{\arctan \sqrt{x}}$;

$(4) y = \ln \tan \dfrac{x}{2}$; $\qquad$ $(5) y = \ln(x + \sqrt{a^2 + x^2})$; $(6) y = \arcsin \sqrt{\dfrac{1 - x}{1 + x}}$.

2.3 隐函数及由参数方程所确定的函数的导数

隐函数及由参数方程所确定的函数的导数是导数运算中两种常见类型.

2.3.1 隐函数的导数及对数求导法

1. 隐函数的导数

在前面解决了显函数 $y = f(x)$ 的导数,但在实际问题中,有时需要求隐函数 $F(x, y) = 0$ (由 $F(x, y) = 0$ 确定函数 $y = y(x)$) 的导数. 因为将隐函数化为显函数有时是比较困难的,甚至是不可能的,所以需要介绍隐函数的求导方法.

在用方程表示函数关系的隐函数中,y 是 x 的函数. 隐函数求导的基本方法是,方程两端同时对自变量 x 求导. 当遇到含有函数 y 的项时,y 既是中间变量,又是 x 的函数. 使用链式法则求导,这样就会得到一个含有 y' 的等式,整理可以得到 y'. 下面通过例题来说明这种方法.

例 1 求由方程 $e^y + xy - e = 0$ 所确定的隐函数的导数 $\dfrac{dy}{dx}$.

解 方程两边同时对 x 求导,得 $(e^y)' + (xy)' - (e)' = 0$,即 $e^y y' + x'y + xy' = 0$,亦即 $e^y y' + y + xy' = 0$,整理得 $\dfrac{dy}{dx} = y' = -\dfrac{y}{x + e^y}$.

从上例中看到,隐函数的导数表达式中可以含有 y,这与显函数的导数表达式(不可以含有 y)是不同的.

例 2 求曲线 $xy + \ln y = 1$ 在点 $M(1, 1)$ 处的切线方程.

解 方程两边分别对 x 求导,得 $y + xy' + \dfrac{1}{y} y' = 0$,在点 $M(1, 1)$ 处的切线斜率 $y' \big|_{\substack{x=1 \\ y=1}} = -\dfrac{1}{2}$.

于是,在点 $M(1, 1)$ 处的切线方程为 $y - 1 = -\dfrac{1}{2}(x - 1)$,即 $x + 2y - 3 = 0$.

2. 对数求导法

在某些场合,利用所谓**对数求导法**求导数比用通常的方法简便些. 这种方法是先在给定的函数的两边取对数,使其成为隐函数,然后再利用隐函数求导法求出函数的导数. 通过下面的例子来说明这种方法.

例3 求 $y = x^{\sin x}(x > 0)$ 的导数.

解 该函数既不是幂函数又不是指数函数,通常称为**幂指函数**. 为了求这类函数的导数,可以先在等式两边取对数(不妨取自然对数),得 $\ln y = \sin x \ln x$,两边同时对 x 求导,注意到 y 是 x 的函数,得 $\dfrac{1}{y} \cdot y' = \cos x \cdot \ln x + \sin x \cdot \dfrac{1}{x}$,故

$$y' = y\left(\cos x \cdot \ln x + \sin x \cdot \frac{1}{x}\right) = x^{\sin x}\left(\cos x \cdot \ln x + \frac{\sin x}{x}\right).$$

注意 利用对数恒等式,幂指函数 $y = u^v (u > 0)$ 也可表示为 $y = e^{v\ln u}$,幂指函数还可利用复合函数的求导方法求导.

例4 求 $y = \sqrt{\dfrac{(x-1)(x-2)}{(x-3)(x-4)}}$ 的导数.

解 本题直接利用复合函数求导法求导比较麻烦. 考虑到所给函数是乘、除与开方的形式,故可以利用对数的运算法则,采用取对数求导法来求导,即等式两边取对数,得

$$\ln y = \frac{1}{2}\big[\ln(x-1) + \ln(x-2) - \ln(x-3) - \ln(x-4)\big],$$

两边对 x 求导,得

$$\frac{1}{y}y' = \frac{1}{2}\left(\frac{1}{x-1} + \frac{1}{x-2} - \frac{1}{x-3} - \frac{1}{x-4}\right),$$

于是

$$y' = \frac{y}{2}\left(\frac{1}{x-1} + \frac{1}{x-2} - \frac{1}{x-3} - \frac{1}{x-4}\right)$$

$$= \frac{1}{2}\sqrt{\frac{(x-1)(x-2)}{(x-3)(x-4)}}\left(\frac{1}{x-1} + \frac{1}{x-2} - \frac{1}{x-3} - \frac{1}{x-4}\right).$$

一般地,当求含有乘、除、乘方、开方所构成的函数的导数时,采用对数求导法是比较简便的.

2.3.2 由参数方程所确定的函数的导数

研究物体运动的轨迹时,常会遇到参数方程. 一般的,参数方程

$$\begin{cases} x = \varphi(t), \\ y = \psi(t) \end{cases} \tag{1}$$

确定 y 与 x 间的函数关系. 由于在实际问题中,需要求由参数方程(1)所确定的函数 y 的导数,而有些参数方程消去参数 t 转化为 y 与 x 间的函数关系比较困难,故需介绍由参数方程所确定的函数的求导数 y'. 由参数方程所确定的函数的导数为

$$\frac{\mathrm{d}y}{\mathrm{d}x} = \frac{\psi'(t)}{\varphi'(t)}, \tag{2}$$

或

$$\frac{\mathrm{d}y}{\mathrm{d}x} = \frac{\dfrac{\mathrm{d}y}{\mathrm{d}t}}{\dfrac{\mathrm{d}x}{\mathrm{d}t}}, \tag{3}$$

或

$$\frac{\mathrm{d}y}{\mathrm{d}x} = \frac{y'_t}{x'_t}. \tag{4}$$

例5 求由参数方程 $\begin{cases} x = 1 - t^2, \\ y = t - t^3 \end{cases}$ 所确定的函数的导数 $\dfrac{\mathrm{d}y}{\mathrm{d}x}$.

解 由于 $\dfrac{\mathrm{d}x}{\mathrm{d}t} = -2t$, $\dfrac{\mathrm{d}y}{\mathrm{d}t} = 1 - 3t^2$, 故 $\dfrac{\mathrm{d}y}{\mathrm{d}x} = \dfrac{\frac{\mathrm{d}y}{\mathrm{d}t}}{\frac{\mathrm{d}x}{\mathrm{d}t}} = \dfrac{1 - 3t^2}{-2t} = \dfrac{3t^2 - 1}{2t}$.

例6 已知椭圆的参数方程为 $\begin{cases} x = a\cos t, \\ y = b\sin t, \end{cases}$ 求椭圆在 $t = \dfrac{\pi}{4}$ 处的切线方程.

解 当 $t = \dfrac{\pi}{4}$ 时, 椭圆上的相应点的坐标是 $M_0(x_0, y_0)$, 则

$$x_0 = a\cos\frac{\pi}{4} = \frac{\sqrt{2}a}{2}, \quad y_0 = b\sin\frac{\pi}{4} = \frac{\sqrt{2}b}{2}.$$

曲线在点 M_0 的切线斜率为

$$\left.\frac{\mathrm{d}y}{\mathrm{d}x}\right|_{t=\frac{\pi}{4}} = \left.\frac{\frac{\mathrm{d}y}{\mathrm{d}t}}{\frac{\mathrm{d}x}{\mathrm{d}t}}\right|_{t=\frac{\pi}{4}} = \left.\frac{b\cos t}{-a\sin t}\right|_{t=\frac{\pi}{4}} = -\frac{b}{a}.$$

代入点斜式方程, 得椭圆在点 M_0 处的切线方程为

$$y - \frac{\sqrt{2}b}{2} = -\frac{b}{a}\left(x - \frac{\sqrt{2}a}{2}\right),$$

即

$$bx + ay - \sqrt{2}ab = 0.$$

阅读(科学史上的佳话) 1667 年, 牛顿重返剑桥大学读研究生, 1668 年获硕士学位, 1669 年他的老师巴罗坦然地宣布牛顿的学识已经超过自己, 并将"路卡斯教授"的职位让给牛顿, 这件事成为科学史上的佳话. 在此之后, 牛顿先后被选为皇家学会会员、皇家学会会长.

训练任务 2.3

1. 求由方程 $x^2 + y^2 = r^2$ (r 为常数) 所确定的隐函数的导数 $\dfrac{\mathrm{d}y}{\mathrm{d}x}$.

2. 求下列隐函数的导数:

(1) $x^2 - 2xy + 9 = 0$;　　　(2) $2x^2 - y^2 = 9$;　　　(3) $\sqrt{x} + \sqrt{y} = \sqrt{a}$ (a 为常数);

(4) $xe^y - 10 + y^2 = 0$;　　　(5) $y^2 = e^{\sin x}$;　　　(6) $x - \sin\dfrac{y}{x} + \tan\alpha = 0$ (α 为常数).

3. 求曲线 $x + x^2 y^2 - y = 1$ 在点 $(1,1)$ 处的切线方程.

4. 求曲线 $x^{\frac{2}{3}} + y^{\frac{2}{3}} = a^{\frac{2}{3}}$ 在点 $\left(\dfrac{\sqrt{2}}{4}a, \dfrac{\sqrt{2}}{4}a\right)$ 处的切线方程和法线方程.

5. 用取对数求导法求下列函数的导数:

(1) $y = x^{\frac{1}{x}}$;

(2) $y = x^x$;

(3) $y = (x+1)(x-2)(x+3)(x-4)$;

(4) $y = \dfrac{(3-x)^4 \sqrt{x+2}}{(x+1)^5}$.

6. 求下列由参数方程所确定的函数的导数 $\dfrac{\mathrm{d}y}{\mathrm{d}x}$:

(1) $\begin{cases} x = 2 + t^2, \\ y = t\ln t; \end{cases}$ (2) $\begin{cases} x = 1 - \arctan t, \\ y = \ln(1 + t^2); \end{cases}$

(3) $\begin{cases} x = \dfrac{3at}{1 + t^2}, \\ y = \dfrac{3at^2}{1 + t^2} \end{cases}$ 上对应于 $t = 2$ 点处的切线方程和法线方程.

2.4 变化率及相关变化率(阅读)

实际中不仅要掌握导数的概念、运算,而且还要掌握导数的应用.变化率及相关变化率就属于导数的应用.

2.4.1 变化率

导数就是函数变化率.虽然已经讲过导数的案例和定义,但现在还需重新审视变化率.

1. 平均变化率(或平均绝对变化率)

为理解变化率,必须理解平均变化率,即需要弄清 $\dfrac{\Delta y}{\Delta x}$ 的含义.

$y = f(x)$ 关于 x 在区间 $[x_0, x_0 + \Delta x]$ 上的**平均变化率**是 $\dfrac{\Delta y}{\Delta x}$, $\Delta x \neq 0$.

已经接触过的匀速直线运动的速度是最简单的平均变化率.在导数案例中提到,所谓动点做匀速运动,即是位置函数的变化是均匀的,也即动点所经过的位移与所花的时间成正比,此比值为动点运动的速度,记作 v(v 为常数),即 $v = \dfrac{\Delta s}{\Delta t}$,进一步取 $\Delta s = s(t) - s(0)$,$\Delta t = t - 0$ 得 $v = \dfrac{\Delta s}{\Delta t} \Leftrightarrow s(t) = s(0) + vt$.

已经接触过的匀变速直线运动的加速度也是最简单的平均变化率.匀变速直线运动的速度是时间 t 的函数,即 $v = v(t)$.所谓匀变速运动,即速度的变化是均匀的,亦即 $\dfrac{\Delta v}{\Delta t} = a$($a$ 为常数).a 就是动点做匀变速直线运动的加速度.进一步取 $\Delta v = v(t) - v(0)$,$\Delta t = t - 0$ 得 $\dfrac{\Delta v}{\Delta t} = a \Leftrightarrow v(t) = v(0) + at$.

用平常熟知的平均速度来理解平均变化率最容易变抽象为具体,平均变化率在位置函数中就是平均速度.结合质量线分布,平均变化率就是平均线密度.

几何上,平均变化率就是割线的斜率.

2. 如何理解 $f'(x_0)$

在第 2 章 2.1 节的开头就提到,在实际中,需要讨论各种具有不同意义的变量的变化"快慢"问题,在数学上就是所谓函数变化率问题.导数概念就是函数变化率这一概念的精确描述.它撇开了自变量和因变量所代表的几何或物理等方面的特殊意义,纯粹从数量方面来刻画变化率的本质.

因变量改变量与自变量改变量之比 $\dfrac{\Delta y}{\Delta x}$ 是因变量 y 对 x 在以 x_0 和 $x_0 + \Delta x$ 为端点的区间

上的平均变化率,而导数 $f'(x_0)$ 则是因变量在点 x_0 处的变化率,它反映了因变量随自变量变化的"快慢"程度.那实用中如何理解 $f'(x_0)$?答案是

$$\Delta y \Big|_{\substack{x=x_0 \\ \Delta x=1}} \approx f'(x_0).$$

事实上,因为 $\lim\limits_{\Delta x \to 0} \dfrac{\Delta y}{\Delta x} = f'(x_0)$,所以 $\dfrac{\Delta y}{\Delta x} = f'(x_0) + \alpha$,其中 α 是当 $\Delta x \to 0$ 时的无穷小量.故 $\Delta y = f'(x_0)\Delta x + \alpha \Delta x = f'(x_0)\Delta x + o(\Delta x)$.这表明函数的增量可以表示为两项之和.第一项 $f'(x_0) \cdot \Delta x$ 是 Δx 的线性函数,第二项是比 Δx 高阶的无穷小.因此,当 Δx 很小时,可以用第一项 $f'(x_0) \cdot \Delta x$ 来代替 Δy,取 $\Delta x = 1$,得

$$\Delta y \Big|_{\substack{x=x_0 \\ \Delta x=1}} \approx f'(x_0).$$

如设位置函数 $s = f(t) = t^2$,则 $v(10) = f'(10) = 20$.它表示当 $t = 10$ 时,t 增加(或减少)一个单位,s(近似)增加(或减少)20 个单位.

对 $f'(x_0)$ 的解释还可参见后面讲的微分部分.

3. 导数的化学意义

例 1 在《仪器分析》中,将原子吸收分析法的灵敏度定义为 $A - c$ 工作曲线的斜率(用 s 表示),即当待测元素的浓度或质量改变一个单位时,吸光度的改变量的表达式为 $s = \dfrac{\mathrm{d}A}{\mathrm{d}c}$ 或 $s = \dfrac{\mathrm{d}A}{\mathrm{d}m}$,其中 A 为吸光度,c 为待测元素浓度,m 为待测元素质量.

例 2 某物质在化学分解中,开始时的质量是 m_0,经过时间 t 后,所剩下的质量是 m,它们之间的关系式为 $m = m_0 \mathrm{e}^{-kt}$,其中 k 是正的常数.试求这物质的变化率(分解速度).

解 物质分解速度 v 就是物质 m 对于时间 t 的导数,即 $v = \dfrac{\mathrm{d}m}{\mathrm{d}t} = -km_0\mathrm{e}^{-kt}$.

因为 $m = m_0\mathrm{e}^{-kt}$,所以也有 $v = -km$.这结果表明物质分解的速度与该物质本身质量成正比例.这类变化过程在自然界中是常见的,例如放射性元素镭的衰变、微生物的增殖、物体的传热等现象.

2.4.2 相关变化率

相关变化率是建立在掌握变化率和导数运算的基础之上的.

1. 平均变化率定义

设函数 $y = f(x)$,称 $\dfrac{\Delta y}{\Delta x} = \dfrac{f(x_0 + \Delta x) - f(x_0)}{\Delta x}$ $(\Delta x \neq 0)$ 为函数 $y = f(x)$ 关于 x 在区间 $[x_0, x_0 + \Delta x]$ 上的**平均变化率**.

1)平均变化率的物理意义

平均变化率的定义比较抽象,若用平常熟知的物体做变速直线运动的平均速度来理解平均变化率就容易变抽象为具体.

事实上,物体做变速直线运动的位置函数 $s = f(t)$ 在 $[t_0, t_0 + \Delta t]$ 上的平均速度 $\bar{v} = \dfrac{\Delta s}{\Delta t} = \dfrac{f(t_0 + \Delta t) - f(t_0)}{\Delta t}$,就是 s 关于 t 在 $[t_0, t_0 + \Delta t]$ 上的平均变化率.

故平均变化率在物体做变速直线运动的位置函数中就是平均速度.

2) 第二次数学危机

牛顿利用平均速度计算瞬时速度引发了第二次数学危机.

微积分作为一门科学,产生于 17 世纪后半期,基本完成于 19 世纪,而它的一些思想萌芽于 15 世纪以前.牛顿是 17 世纪科学革命的顶峰人物,但 17 世纪由牛顿和莱布尼茨初创的微积分具有二重性;一方面因在自然科学中的广泛应用而被高度重视;另一方面在持续的一二百年内,这门科学缺乏令人信服的严格理论基础,存在着明显的逻辑矛盾.例如,一物体做变速直线运动,运动规律是 $s = t^2 (\text{m})$,现在要求 2 s 末的瞬时速度.

按牛顿的算法,先计算在 $[2, 2 + \Delta t]$ 内物体走过的位移

$$\Delta s = (2 + \Delta t)^2 - 2^2 = 4\Delta t + (\Delta t)^2,$$

再计算 $[2, 2 + \Delta t]$ 内物体运动的平均速度 $\bar{v} = \dfrac{\Delta s}{\Delta t} = \dfrac{4\Delta t + (\Delta t)^2}{\Delta t}$,即 $\bar{v} = 4 + \Delta t$.牛顿很清楚,只要 Δt 不等于 0,平均速度 $\bar{v}$ 总成不了瞬时速度 $v(2)$,于是牛顿"大胆"地令 $\bar{v} = 4 + \Delta t$ 中的 $\Delta t = 0$,求出了在第二秒末的瞬时速度为 $4 (\text{m/s})$,且用这个方法求出的运动速度和实验结果相当吻合.

在 $\bar{v} = \dfrac{\Delta s}{\Delta t} = \dfrac{4\Delta t + (\Delta t)^2}{\Delta t}$ 中 $\Delta t \neq 0$,而在 $\bar{v} = 4 + \Delta t$ 中要求 $\Delta t = 0$,牛顿确实有重结果轻逻辑的倾向.正因为在无穷小量中存在这类矛盾,才引起当时颇具影响的哲学家、红衣大主教贝克莱(1685—1753)对无穷小量的抨击.1734 年贝克莱写了一本书《分析学家,或致一位不信神的数学家》,点名道姓地攻击牛顿、莱布尼茨及其拥护者的微积分成果是诡辩.书中说,牛顿在求速度的过程中,首先用 Δt 除等式两边,因为数学上规定 0 不能作除数,所以作为除数的 Δt 不能等于 0.但是,另一方面又令最后结果中的 $\Delta t = 0$,这完全是自相矛盾.Δt 既等于 0 又不等于 0,招之即来,挥之即去,难道 Δt 是"逝去量的鬼魂"?由此引起了数学界甚至哲学界长达一个半世纪的争论.这就是数学史上第二次数学危机.

3) 平均变化率的几何解释

几何上,平均变化率就是割线的斜率.

事实上,连接曲线上两点的直线就是该曲线的割线.而 $f(x)$ 在 $[x_0, x_0 + \Delta x]$ 上的平均变化率就是通过点 $M_0 [x_0, f(x_0)]$ 和 $M [x_0 + \Delta x, f(x_0 + \Delta x)]$ 的直线的斜率(图 2-4).因此,$f(x)$ 从 x_0 到 $x_0 + \Delta x$ 的平均变化率就是割线 $M_0 M$ 的斜率.

2. 相关变化率的意义

设 $x = x(t)$ 及 $y = y(t)$ 都是可导函数,而变量 x 与 y 间存在某种关系(方程),从而变化率 $\dfrac{\mathrm{d}x}{\mathrm{d}t}$ 与 $\dfrac{\mathrm{d}y}{\mathrm{d}t}$ 间也存在一定的关系(相关变化率方程).这两个相互依赖的变化率就称为相关变化率.相关变化率的定义还可以推广,请见例 4.

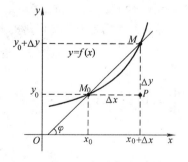

图 2-4

3. 相关变化率问题

要测量从地面垂直发射的火箭上升的速度有如下两种方案.

方案一:借助某些精巧且费钱的预防措施,在火箭下面的地面放置某类仪器并从中读出

速率(即速度的绝对值)的读数.

方案二:站在离发射点距离 d 的地方并测量火箭的仰角 ϑ 的变化率这种方案可能会更安全而且省很多钱.只要用一点三角知识就可以把火箭的高度 h 用仰角 ϑ 和距离 d 表示为 $h=d\tan\vartheta$.对这个方程两边关于时间 t 求导就把要求的速度 $\dfrac{\mathrm{d}h}{\mathrm{d}t}$ 用很容易测得的 $\dfrac{\mathrm{d}\vartheta}{\mathrm{d}t}$ 表示出来.

人们自然会选择方案二.用易求的变化率求出难求的变化率问题称为相关变化率问题.

例3 水平场地正在垂直上升的一个热气球被距离起飞点 $500\,\mathrm{m}$ 远处的测距器跟踪.在测距器的仰角为 $\dfrac{\pi}{4}$ 的瞬间,仰角以 $0.14\,\mathrm{rad/min}$(弧度/分)的速度增长.在该瞬间气球的上升有多快?

解 设气球上升 $t\,\mathrm{min}$ 后,其高度为 h,观察员视线的仰角为 α,则

$$h=500\tan\alpha.$$

其中 α 及 h 都是时间 t 的函数.

上式两边求导,得

$$\frac{\mathrm{d}h}{\mathrm{d}t}=500\sec^2\alpha\frac{\mathrm{d}\alpha}{\mathrm{d}t},$$

从而

$$\left.\frac{\mathrm{d}h}{\mathrm{d}t}\right|_{\substack{\alpha=\frac{\pi}{4}\\ \alpha'(t)=0.14}}=500\times2\times0.14=140(\mathrm{m/min}).$$

故在该瞬间气球以 $140\,\mathrm{m/min}$ 的速度上升.

例4 正在追逐一辆超速行驶汽车的警察巡逻车正从北向南驶向一个直角路口,超速汽车已拐过路口向东驶去.当巡逻车离路口向北 $0.6\,\mathrm{km}$ 而被追汽车离路口向东 $0.8\,\mathrm{km}$ 时,警察用雷达确定了两辆车之间的距离正以 $20\,\mathrm{km/h}$ 的速率在增长.如果巡逻车在该测量时刻以 $60\,\mathrm{km/h}$ 的速率行驶,试问该瞬间超速汽车的速率为多少?

解 把被追车与巡逻车画在坐标平面上.设 t 时刻被追车离原点 $x\,\mathrm{km}$,巡逻车离原点 $y\,\mathrm{km}$.则两车间的距离 s 满足

$$s=\sqrt{x^2+y^2},$$

这里 s、x、y 都是 t 的可微函数.

等式两边同时对 t 求导,得

$$\frac{\mathrm{d}s}{\mathrm{d}t}=\frac{1}{\sqrt{x^2+y^2}}\left(x\frac{\mathrm{d}x}{\mathrm{d}t}+y\frac{\mathrm{d}y}{\mathrm{d}t}\right),$$

把 $\dfrac{\mathrm{d}s}{\mathrm{d}t}=20$、$x=0.8$、$y=0.6$、$\dfrac{\mathrm{d}y}{\mathrm{d}t}=-60$ 代入上式,得

$$\frac{\mathrm{d}x}{\mathrm{d}t}=70(\mathrm{km/h}).$$

故该瞬间超速汽车的速率为 $70\,\mathrm{km/h}$.

例5 在化学中,所谓一个绝热过程,是指既不能得到热量也不损失热量的过程.根据实验表明,在一个绝热过程中,某些气体(如氢或氧)在一个容器中的压力 p 和体积 V 满足公式

$$pV^{1.4} = 常数.$$

已知某一时刻一个封闭容器中的氢的体积是 $4\ \mathrm{m}^3$,压力是 $0.75\ \mathrm{kg/m}^2$,如果体积以 $0.5\ \mathrm{m}^3/\mathrm{s}$ 的速度增加,求此时压力的递减速度.

解 对 $pV^{1.4} = 常数$,两端对 t 求导得

$$p\frac{\mathrm{d}}{\mathrm{d}t}(V^{1.4}) + \frac{\mathrm{d}p}{\mathrm{d}t} \cdot V^{1.4} = 0,$$

即

$$1.4 \times V^{0.4}\frac{\mathrm{d}V}{\mathrm{d}t} \cdot P + \frac{\mathrm{d}p}{\mathrm{d}t} \cdot V^{1.4} = 0,$$

故

$$\frac{\mathrm{d}p}{\mathrm{d}t} = \frac{-1.4pV^{0.4}}{V^{1.4}} \cdot \frac{\mathrm{d}v}{\mathrm{d}t} = -1.4\frac{p}{V} \cdot \frac{\mathrm{d}v}{\mathrm{d}t}.$$

将问题中的已知数据代入,得到

$$\frac{\mathrm{d}p}{\mathrm{d}t} = -1.4 \times \frac{0.75}{4} \times 0.5 = -0.131\,25\,((\mathrm{kg} \cdot \mathrm{m}^{-2})/\mathrm{s}).$$

所以此时压力的递减速度是 $-0.131\,25(\mathrm{kg} \cdot \mathrm{m}^{-2})/\mathrm{s}$.

阅读(科学史上博学多才、罕有所比的莱布尼茨) 微积分的发明者莱布尼茨是德国著名的数学家、哲学家.他和牛顿分别独立地发明了微积分.李文林在《数学史概论》中介绍莱布尼茨:他出生于德国莱比锡一个教授家庭,早年在莱比锡大学学习法律,同时开始接触伽利略、开普勒、笛卡尔、帕斯卡以及巴罗等人的科学思想.1667 年获阿尔特多夫大学法学博士学位,次年开始为缅因茨选帝侯服务,不久被派往巴黎任大使.莱布尼茨在巴黎居留了四年(1672—1676),这四年对他整个科学生涯的意义,可以与牛顿在家乡躲避瘟疫的两年相比,莱布尼茨(26~30 岁)获得的许多重大成就包括创立微积分,都是在这一时期完成或奠定了基础.

1684 年,他发表了第一篇关于微积分的论文,是公认的最早的有关微分学的论文,具有划时代的意义.莱布尼茨对数学的形式有超人的直觉,他在创建微积分的过程中,花了很多时间来选择精巧的符号.微积分中的一些基本的符号,例如 $\mathrm{d}x$、$\frac{\mathrm{d}y}{\mathrm{d}x}$、$\mathrm{d}^2x$、$\int y\mathrm{d}x$ 都是他创立的.

科学史上莱布尼茨的博学多才罕有所比,其著作涉及数学、力学、机械、地质、逻辑、哲学、法律、外交、神学和语言学等.在数学上,他的贡献也远不止微积分.

训练任务 2.4

1. 一块金属圆板受热膨胀,膨胀过程中始终保持圆形.已知当半径为 $2\ \mathrm{cm}$ 时,半径的增加率为 $0.01\ \mathrm{cm/s}$,求该时刻面积的增加率.

2. 在储存器内,理想气体的体积为 $1\,000\ \mathrm{cm}^3$ 时,压力为 $5\ \mathrm{kg/cm}^2$.如果温度不变,压力以 $0.05\ \mathrm{kg/h}$ 的速率减少,体积的增加率是多少?

3. 地面上空 $2\ \mathrm{km}$ 处有一架飞机做水平飞行,时速 $200\ \mathrm{km/h}$.飞机上观察员正在瞄准前方矿山,要用航空摄影进行矿山地形的测量,因为飞机的位置在改变,必须转动摄影机才能保持矿山在镜头之内.问当俯角为 $90°$ 时,摄影机转动的角速度是多少?

4. 如果以速度 $3\,000\ \mathrm{L/min}$ 从直圆柱水箱往外输水,试问水箱内水的高度下降会有多快(圆柱水箱的底半径为 $r\ \mathrm{m}$)?

5. 将水注入深 $8\ \mathrm{m}$、上顶直径 $8\ \mathrm{m}$ 的正圆锥形容器中,其速率为 $4\ \mathrm{m}^3/\mathrm{min}$.当水深 $5\ \mathrm{m}$

时,其表面上升的速率为多少?

6. 溶液自深 18 cm、顶直径 12 cm 的正圆锥形漏斗中漏入一直径为 10 cm 圆柱形筒中.开始时漏斗中盛满了溶液.已知当溶液在漏斗中深为 12 cm 时,其表面下降的速率为 1 cm/min.问此时圆柱形筒中溶液表面上升的速率为多少?

2.5 高阶导数

2.5.1 高阶导数

已经知道,变速直线运动的速度 $v(t)$ 是位置函数 $s(t)$ 对时间 t 的导数,即 $v = \dfrac{\mathrm{d}s}{\mathrm{d}t}$ 或 $v = s'$,而加速度 a 又是速度 v 对时间 t 的变化率,即速度 v 对时间 t 的导数,$a = \dfrac{\mathrm{d}v}{\mathrm{d}t} = \dfrac{\mathrm{d}}{\mathrm{d}t}\left(\dfrac{\mathrm{d}s}{\mathrm{d}t}\right)$ 或 $a = (s')'$.这种导数的导数 $\dfrac{\mathrm{d}}{\mathrm{d}t}\left(\dfrac{\mathrm{d}s}{\mathrm{d}t}\right)$ 或 $(s')'$ 叫做 s 对 t 的二阶导数,记作 $\dfrac{\mathrm{d}^2 s}{\mathrm{d}t^2}$ 或 $s''(t)$.所以,动点做变速直线运动的加速度就是位置函数 s 对时间 t 的二阶导数.

一般地,函数 $y = f(x)$ 的导数 $y' = f'(x)$ 仍是 x 的函数.把导数 $y' = f'(x)$ 的导数称为函数 $y = f(x)$ 在点 x 处的二阶导数,记作 y'',$f''(x)$,$\dfrac{\mathrm{d}^2 y}{\mathrm{d}x^2}$ 或 $\dfrac{\mathrm{d}^2 f}{\mathrm{d}x^2}$,即

$$y'' = \frac{\mathrm{d}}{\mathrm{d}x}\left(\frac{\mathrm{d}y}{\mathrm{d}x}\right) \text{ 或 } y'' = (y')'.$$

相应地,把 $y = f(x)$ 的导数 $y' = f'(x)$ 称为函数 $y = f(x)$ 的一阶导数.

二阶导数 $y'' = f''(x)$ 的导数称为函数 $y = f(x)$ 的三阶导数,记作 y''',$f'''(x)$,$\dfrac{\mathrm{d}^3 y}{\mathrm{d}x^3}$ 或 $\dfrac{\mathrm{d}^3 f}{\mathrm{d}x^3}$,即

$$y''' = \frac{\mathrm{d}}{\mathrm{d}x}\left(\frac{\mathrm{d}^2 y}{\mathrm{d}x^2}\right) \text{ 或 } y''' = (y'')'.$$

注意下面从四阶导数开始的导数表示方法.

三阶导数 $y''' = f'''(x)$ 的导数称为函数 $y = f(x)$ 的四阶导数,记作 $y^{(4)}$,$f^{(4)}(x)$,$\dfrac{\mathrm{d}^4 y}{\mathrm{d}x^4}$ 或 $\dfrac{\mathrm{d}^4 f}{\mathrm{d}x^4}$,即

$$y^{(4)} = \frac{\mathrm{d}}{\mathrm{d}x}\left(\frac{\mathrm{d}^3 y}{\mathrm{d}x^3}\right) \text{ 或 } y^{(4)} = (y''')'.$$

......

$n-1$ 阶导数 $y^{(n-1)} = f^{(n-1)}(x)$ 的导数称为函数 $y = f(x)$ 的 n 阶导数,记作 $y^{(n)}$,$f^{(n)}(x)$,$\dfrac{\mathrm{d}^n y}{\mathrm{d}x^n}$ 或 $\dfrac{\mathrm{d}^n f}{\mathrm{d}x^n}$,即

$$y^{(n)} = \frac{\mathrm{d}}{\mathrm{d}x}\left(\frac{\mathrm{d}^{(n-1)} y}{\mathrm{d}x^{(n-1)}}\right) \text{ 或 } y^{(n)} = (y^{(n-1)})'.$$

函数 $y = f(x)$ 在点 x_0 处的各阶导数值就是其各阶导函数在点 $x = x_0$ 处的函数值,即 $f'(x_0)$,$f''(x_0)$,$f'''(x_0)$,$\cdots$,$f^{(n)}(x_0)$.

函数 $y = f(x)$ 具有 n 阶导数, 也常说成函数 $f(x)$ 为 n 阶可导. 如果函数 $f(x)$ 在点 x 处具有 n 阶导数, 那么 $f(x)$ 在点 x 的某一邻域内必定具有一切低于 n 阶的导数. 二阶及二阶以上的导数统称为**高阶导数**.

由此可见, 求高阶导数就是接连多次地求导数. 所以, 仍可应用前面学过的求导方法来计算高阶导数.

例 1 设函数 $y = \ln(1 + x^2)$, 求 $y''(0)$.

解 $y' = \dfrac{2x}{1 + x^2}, y'' = \dfrac{2(1 + x^2) - 2x \times 2x}{(1 + x^2)^2} = \dfrac{2(1 - x^2)}{(1 + x^2)^2}, y''(0) = \dfrac{2(1 - x^2)}{(1 + x^2)^2}\bigg|_{x=0} = 2$.

例 2 求函数 $y = \sin x$ 的 n 阶导数.

解
$$y' = \cos x = \sin\left(x + \frac{\pi}{2}\right),$$

$$y'' = \cos\left(x + \frac{\pi}{2}\right) = \sin\left(x + \frac{\pi}{2} + \frac{\pi}{2}\right) = \sin\left(x + 2 \cdot \frac{\pi}{2}\right),$$

$$y''' = \cos\left(x + 2 \cdot \frac{\pi}{2}\right) = \sin\left(x + 3 \cdot \frac{\pi}{2}\right),$$

$$y^{(4)} = \cos\left(x + 3 \cdot \frac{\pi}{2}\right) = \sin\left(x + 4 \cdot \frac{\pi}{2}\right),$$

一般地, 可得 $y^{(n)} = \sin\left(x + n \cdot \dfrac{\pi}{2}\right)$, 即 $(\sin x)^{(n)} = \sin\left(x + n \cdot \dfrac{\pi}{2}\right)$.

用类似方法, 可得 $\qquad (\cos x)^{(n)} = \cos\left(x + n \cdot \dfrac{\pi}{2}\right)$.

2.5.2 求导工具

除了用导数定义式求导外, 求函数导数的工具是导数公式和求导法则. 为了便于掌握及查阅导数公式和求导法则, 把其归纳如下.

1. 导数公式

(1) $(C)' = 0$;

(2) $(x^\alpha)' = \alpha x^{\alpha - 1}$;

(3) $(a^x)' = a^x \ln a$;

(4) $(e^x)' = e^x$;

(5) $(\log_a x)' = \dfrac{1}{x \ln a}$;

(6) $(\ln x)' = \dfrac{1}{x}$;

(7) $(\sin x)' = \cos x$;

(8) $(\cos x)' = -\sin x$;

(9) $(\tan x)' = \sec^2 x$;

(10) $(\cot x)' = -\csc^2 x$;

(11) $(\sec x)' = \sec x \cdot \tan x$;

(12) $(\csc x)' = -\csc x \cdot \cot x$;

(13) $(\arcsin x)' = \dfrac{1}{\sqrt{1 - x^2}} \quad (-1 < x < 1)$;

(14) $(\arccos x)' = -\dfrac{1}{\sqrt{1 - x^2}} \quad (-1 < x < 1)$;

(15) $(\arctan x)' = \dfrac{1}{1 + x^2} \quad (-\infty < x < +\infty)$;

(16) $(\operatorname{arccot} x)' = -\dfrac{1}{1 + x^2} \quad (-\infty < x < +\infty)$.

2. 导数的四则运算法则

设函数 $u(x)$ 和 $v(x)$ 均在点 x 处可导,则

(1) $[u(x) \pm v(x)]' = u'(x) \pm v'(x)$；　　　　　(2) $[u(x) + C]' = u'(x)$（C 为常数）；

(3) $[u(x)v(x)]' = u'(x) \cdot v(x) + u(x) \cdot v'(x)$；　(4) $[Cu(x)]' = C \cdot u'(x)$（C 为常数）；

(5) $\left(\dfrac{u}{v}\right)' = \dfrac{u'v - uv'}{v^2}$　（$v \neq 0$）.

3. 复合函数的求导法则

如果函数 $u = \varphi(x)$ 在 x 处可导,而函数 $y = f(u)$ 在对应的 u 处可导,那么复合函数 $y = f[\varphi(x)]$ 在 x 处可导,且 $\dfrac{\mathrm{d}y}{\mathrm{d}x} = \dfrac{\mathrm{d}y}{\mathrm{d}u} \cdot \dfrac{\mathrm{d}u}{\mathrm{d}x}$ 或 $y' = f'(u) \cdot \varphi'(x)$.

训练任务 2.5

1. 求下列函数的二阶导数:

(1) $y = \sin x$；　　　　(2) $y = \ln(2x + 1)$；　　　　(3) $y = \mathrm{e}^{x^2}$.

2. 已知函数 $y = 3x^2 + 4x - 5$,求 y'''.

3. 设函数 $y = \ln x$,求 y'''.

4. 设函数 $y = 3x^3 + 4x^2 + 5x + 6$,求 $y^{(4)}$.

5. 设函数 $y = \mathrm{e}^{ax}$,求 $y^{(n)}$.

2.6　函数的微分

2.6.1　引出微分概念的实例

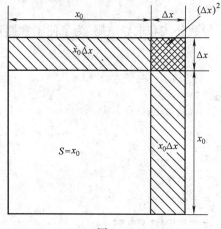

图 2 - 5

函数 $y = f(x)$ 在点 x_0 处,当自变量有改变量 Δx 时,函数的相应改变量需要用公式 $\Delta y = f(x_0 + \Delta x) - f(x_0)$ 来计算,这往往是比较麻烦的. 现在来寻求当 Δx 很小时,能近似代替 Δy 的量.

案例 1　如图 2 - 5 所示,一块正方形金属薄片受温度变化的影响,其边长由 x_0 变到 $x_0 + \Delta x$,问此薄片的面积近似改变了多少?

此薄片在温度变化前后的面积分别为 $S(x_0) = x_0^2$,$S(x_0 + \Delta x) = (x_0 + \Delta x)^2$,所以,受温度变化的影响,薄片面积的改变量(精确值)为

$$\Delta S = S(x_0 + \Delta x) - S(x_0)$$
$$= (x_0 + \Delta x)^2 - x_0^2 = 2x_0 \Delta x + (\Delta x)^2.$$

当 Δx 很小时,计算 ΔS 比较麻烦,但 ΔS 由两部分组成:第一部分 $2x_0 \Delta x$ 是 Δx 的线性函数;第二部分是 $(\Delta x)^2$. 当 $\Delta x \to 0$ 时,第二部分是一个比 Δx 高阶的无穷小,即 $(\Delta x)^2 = o(\Delta x)$（$\Delta x \to 0$）. 由此可见,如果边长的改变很微小,即 $|\Delta x|$ 很小时,面积的改变量 ΔS 可以近似地用第一部分 $2x_0 \Delta x$ 来代替,而且 $|\Delta x|$ 越小,近似程度也越好,即

$$\Delta S \approx 2x_0 \Delta x.$$

此结果具有一般性. 事实上,设函数 $y = f(x)$ 在点 x_0 处可导,由 $\lim\limits_{\Delta x \to 0} \dfrac{\Delta y}{\Delta x} = f'(x_0)$,有

$$\frac{\Delta y}{\Delta x} = f'(x_0) + \alpha,$$

其中 α 是当 $\Delta x \to 0$ 时的无穷小量. 上式可写作

$$\Delta y = f'(x_0)\Delta x + \alpha \Delta x = f'(x_0)\Delta x + o(\Delta x).$$

这表明函数的增量可以表示为两项之和. 第一项 $f'(x_0) \cdot \Delta x$ 是 Δx 的线性函数,第二项是比 Δx 高阶的无穷小. 因此,当 Δx 很小时,可以用第一项 $f'(x_0) \cdot \Delta x$ 来代替 Δy,并把它称为函数 $f(x)$ 在点 $x = x_0$ 处,相应于自变量增量为 Δx 的微分.

2.6.2 微分的概念

1. 微分的定义

设函数 $y = f(x)$ 在点 x_0 处可导(具有导数 $f'(x_0)$),把 $f'(x_0)\Delta x$ 称为函数 $y = f(x)$ 在点 $x = x_0$ 处,相应于自变量增量为 Δx 的**微分**,记作 $\mathrm{d}y\big|_{x=x_0}$,即

$$\mathrm{d}y\big|_{x=x_0} = f'(x_0) \cdot \Delta x, \tag{1}$$

此时也称函数 $y = f(x)$ 在点 x_0 处可微.

例1 求函数 $y = x^2$ 在 $x = 1$ 处,$\Delta x = 0.01$ 时函数的改变量及微分.

解
$$\Delta y = (1 + 0.01)^2 - 1^2 = 1.020\,1 - 1 = 0.020\,1,$$

$$\mathrm{d}y\big|_{\substack{x=1\\ \Delta x=0.01}} = f'(x)\Delta x\big|_{\substack{x=1\\ \Delta x=0.01}} = 2 \times 1 \times 0.01 = 0.02.$$

函数 $y = f(x)$ 在任意点 x 处的微分,称为**函数的微分**,记作

$$\mathrm{d}y = f'(x)\Delta x. \tag{2}$$

2. 微分的表达式

取函数 $y = x$,可以得到 $\mathrm{d}x = \Delta x$. 于是函数 $y = f(x)$ 的微分表达式记作

$$\mathrm{d}y = f'(x)\mathrm{d}x. \tag{3}$$

从而有
$$\frac{\mathrm{d}y}{\mathrm{d}x} = f'(x).$$

这就是说,函数的微分 $\mathrm{d}y$ 与自变量的微分 $\mathrm{d}x$ 之商 $\dfrac{\mathrm{d}y}{\mathrm{d}x}$ 等于该函数的导数. 因此,导数又称为微商.

例2 平衡常数 K_p 是绝对温度 T 的函数,已知它们有如下关系

$$\frac{\mathrm{d}\ln K_P}{\mathrm{d}T} = \frac{A}{T^2} \quad (A \text{ 为常数}).$$

试求 $\dfrac{\mathrm{d}\ln K_p}{\mathrm{d}\dfrac{1}{T}}$.

解 导数 $\dfrac{\mathrm{d}\ln K_p}{\mathrm{d}\dfrac{1}{T}}$ 是微分 $\mathrm{d}\ln K_p$ 与微分 $\mathrm{d}\dfrac{1}{T}$ 之比,于是

$$\frac{\mathrm{d}\ln K_p}{\mathrm{d}\dfrac{1}{T}} = \frac{\mathrm{d}\ln K_p}{-\dfrac{\mathrm{d}T}{T^2}} = -T^2\,\frac{\mathrm{d}\ln K_p}{\mathrm{d}T} = -A \quad (\text{这是常数}).$$

例3 求由参数方程 $\begin{cases} x = \varphi(t), \\ y = \psi(t) \end{cases}$ 所确定的函数的二阶导数 $\dfrac{\mathrm{d}^2 y}{\mathrm{d}x^2}$.

解法1 套用参数方程所确定的函数的一阶导数公式得

$$\frac{d^2y}{dx^2} = \frac{dy'}{dx} = \frac{(y')'_t}{x'_t} = \frac{\left(\dfrac{\psi'(t)}{\varphi'(t)}\right)'_t}{x'_t} = \frac{\dfrac{\varphi'(t)\psi''(t) - \psi'(t)\varphi''(t)}{[\varphi'(t)]^2}}{\varphi'(t)} = \frac{\varphi'(t)\psi''(t) - \psi'(t)\varphi''(t)}{[\varphi'(t)]^3}.$$

解法 2　套用复合函数的求导法则得

$$\frac{d^2y}{dx^2} = \frac{dy'}{dx} = \frac{dy'}{dt} \cdot \frac{dt}{dx} = \frac{dy'}{dt} \cdot \frac{1}{\dfrac{dx}{dt}} = \frac{(y')'_t}{x'_t} = \frac{\varphi'(t)\psi''(t) - \psi'(t)\varphi''(t)}{[\varphi'(t)]^3}$$

3. $f'(x_0)$ 的具体意义

在本章第 2.4 节中已经讲过如何理解 $f'(x_0)$，在此再把 $f'(x_0)$ 具体化.

在点 $x = x_0$ 处，x 从 x_0 改变一个单位，y 相应的改变量应为 $\Delta y \Big|_{\substack{x=x_0 \\ \Delta x = 1}}$（当 $\Delta x = -1$ 时，标志着 x 从 x_0 减少一个单位）.

$$\Delta y \Big|_{\substack{x=x_0 \\ \Delta x=1}} \approx dy \Big|_{\substack{x=x_0 \\ dx=1}} = f'(x)dx \Big|_{\substack{x=x_0 \\ dx=1}} = f'(x_0),$$

这说明 $f(x)$ 在点 $x = x_0$ 处，当 x 增加一个单位的改变时，y 近似改变 $f'(x_0)$ 个单位.

在应用问题中解释边际函数值的具体意义时略去"近似"二字. 这是因为实际中 Δx 选得较小，用 dy 代替 Δy.

2.6.3　微分的几何意义

为了对微分有比较直观的了解，下面来说明微分的几何意义.

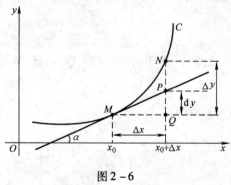

图 2-6

在直角坐标系中，函数 $y = f(x)$ 的图形是曲线 C. 点 $M(x_0, y_0)$ 是曲线上的点，当自变量 x 在点 x_0 处取得增量 Δx 时，对应曲线上点为 $N(x_0 + \Delta x, y_0 + \Delta y)$，如图 2-6 所示. 则
$$MQ = \Delta x, \quad QN = \Delta y.$$
过点 M 作曲线的切线 MP，它的倾斜角为 α，则
$$QP = MQ \cdot \tan\alpha = \Delta x \cdot f'(x_0),$$
即 $dy = QP$.

由此可见，当 Δy 是曲线 $y = f(x)$ 上的点的纵坐标的增量时，dy 就是曲线的切线上点的纵坐标的相应增量. 当 $|\Delta x|$ 很小时，$|\Delta y - dy|$ 比 $|\Delta x|$ 小得多，因此，在点 M 的邻近，可以用切线段来近似代替曲线段.

2.6.4　微分公式与微分运算法则

从函数微分的表达式 $dy = f'(x)dx$ 可以看出，计算函数的微分，只需先计算函数的导数，然后再乘以自变量的微分. 由此得到微分公式和微分运算法则.

1. **基本初等函数的微分公式**

由基本初等函数的导数公式可以直接得到基本初等函数的微分公式. 现与导数公式对照列表，见表 2-1.

表 2 – 1

导数公式	微分公式
$(C)' = 0$ （C 为常数）	$\mathrm{d}(C) = 0$
$(x^\alpha)' = \alpha x^{\alpha-1}$	$\mathrm{d}(x^\alpha) = \alpha x^{\alpha-1}\mathrm{d}x$
$(a^x)' = a^x \ln a$	$\mathrm{d}(a^x) = a^x \ln a\mathrm{d}x$
$(\mathrm{e}^x)' = \mathrm{e}^x$	$\mathrm{d}(\mathrm{e}^x) = \mathrm{e}^x\mathrm{d}x$
$(\log_a x)' = \dfrac{1}{x\ln a}$	$\mathrm{d}(\log_a x) = \dfrac{1}{x\ln a}\mathrm{d}x$
$(\ln x)' = \dfrac{1}{x}$	$\mathrm{d}(\ln x) = \dfrac{1}{x}\mathrm{d}x$
$(\sin x)' = \cos x$	$\mathrm{d}(\sin x) = \cos x\mathrm{d}x$
$(\cos x)' = -\sin x$	$\mathrm{d}(\cos x) = -\sin x\mathrm{d}x$
$(\tan x)' = \sec^2 x$	$\mathrm{d}(\tan x) = \sec^2 x\mathrm{d}x$
$(\cot x)' = -\csc^2 x$	$\mathrm{d}(\cot x) = -\csc^2 x\mathrm{d}x$
$(\sec x)' = \sec x \cdot \tan x$	$\mathrm{d}(\sec x) = \sec x \cdot \tan x\mathrm{d}x$
$(\csc x)' = -\csc x \cdot \cot x$	$\mathrm{d}(\csc x) = -\csc x \cdot \cot x\mathrm{d}x$
$(\arcsin x)' = \dfrac{1}{\sqrt{1-x^2}}$	$\mathrm{d}(\arcsin x) = \dfrac{1}{\sqrt{1-x^2}}\mathrm{d}x$
$(\arccos x)' = -\dfrac{1}{\sqrt{1-x^2}}$	$\mathrm{d}(\arccos x) = -\dfrac{1}{\sqrt{1-x^2}}\mathrm{d}x$
$(\arctan x)' = \dfrac{1}{1+x^2}$	$\mathrm{d}(\arctan x) = \dfrac{1}{1+x^2}\mathrm{d}x$
$(\operatorname{arccot} x)' = -\dfrac{1}{1+x^2}$	$\mathrm{d}(\operatorname{arccot} x) = -\dfrac{1}{1+x^2}\mathrm{d}x$

2. 函数的和、差、积、商的微分法则

由函数和、差、积、商的导数运算法则,可以得到相应的微分运算法则. 对照列表如下,见表 2 – 2(表中 $u = u(x)$,$v = v(x)$ 都可导).

表 2 – 2

函数和、差、积、商的求导法则	函数和、差、积、商的微分法则
$(u \pm v)' = u' \pm v'$	$\mathrm{d}(u \pm v) = \mathrm{d}u \pm \mathrm{d}v$
$(u + C)' = u'$	$\mathrm{d}(u + C) = \mathrm{d}u$
$(u \cdot v)' = u' \cdot v + u \cdot v'$	$\mathrm{d}(u \cdot v) = v\mathrm{d}u + u\mathrm{d}v$
$(C \cdot u)' = C \cdot u'$ （C 为常数）	$\mathrm{d}(C \cdot u) = C\mathrm{d}u$
$\left(\dfrac{u}{v}\right)' = \dfrac{u'v - uv'}{v^2}$ （$v \neq 0$）	$\mathrm{d}\left(\dfrac{u}{v}\right) = \dfrac{v\mathrm{d}u - u\mathrm{d}v}{v^2}$ （$v \neq 0$）

3. 复合函数的微分法则

与复合函数的求导法则相应的**复合函数的微分法**则可推导如下.

设 $y = f(u)$ 及 $u = \varphi(x)$ 都可导,则复合函数 $y = f[\varphi(x)]$ 的微分为

$$\mathrm{d}y = y'\mathrm{d}x = f'(u) \cdot \varphi'(x)\mathrm{d}x .$$

由于 $\mathrm{d}u = \varphi'(x)\mathrm{d}x$,所以复合函数 $y = f[\varphi(x)]$ 的微分公式也可以写成

$$\mathrm{d}y = f'(u)\mathrm{d}u . \tag{4}$$

这说明,在函数的微分表达式(4)中,u 既可以是自变量,也可以是中间变量. 也就是说,函数 $y = f(u)$ 的微分 $\mathrm{d}y$ 总可以用 $f'(u)$ 与 $\mathrm{d}u$ 的乘积来表示. 微分的这种性质称为**一阶微分形式不变性**.

例 4 求函数 $y = \cos(2x^2 + 1)$ 的微分 $\mathrm{d}y$.

解法 1 因为 $[\cos(2x^2 + 1)]' = -[\sin(2x^2 + 1)](2x^2 + 1)' = -4x\sin(2x^2 + 1)$,所以

$$\mathrm{d}y = -4x\sin(2x^2 + 1)\mathrm{d}x .$$

解法 2 $\mathrm{d}y = \mathrm{d}[\cos(2x^2 + 1)] = -\sin(2x^2 + 1)\mathrm{d}(2x^2 + 1) = -4x\sin(2x^2 + 1)\mathrm{d}x .$

解法 2 体现了一阶微分形式不变性,是需要被理解并掌握的方法,对其深入理解,请见例 5 的说明及例 6 .

例 5 在下列等式左端的括号中填入适当的函数,使等式成立.

(1) $\mathrm{d}(\quad) = x\mathrm{d}x$; (2) $\mathrm{d}(\quad) = \cos \omega t \mathrm{d}t$.

解 (1)因为 $\mathrm{d}(x^2) = 2x\mathrm{d}x$. 可见 $x\mathrm{d}x = \dfrac{1}{2}\mathrm{d}(x^2) = \mathrm{d}\left(\dfrac{x^2}{2}\right)$,即 $\mathrm{d}\left(\dfrac{x^2}{2}\right) = x\mathrm{d}x$.

一般地,有 $\qquad \mathrm{d}\left(\dfrac{x^2}{2} + C\right) = x\mathrm{d}x$ (C 为任意常数).

(2)因为 $\mathrm{d}(\sin \omega t) = \omega\cos \omega t \mathrm{d}t$. 可见 $\cos \omega t \mathrm{d}t = \dfrac{1}{\omega}\mathrm{d}(\sin \omega t) = \mathrm{d}\left(\dfrac{1}{\omega}\sin \omega t\right)$,即

$$\mathrm{d}\left(\frac{1}{\omega}\sin \omega t\right) = \cos \omega t \mathrm{d}t .$$

一般地,有 $\qquad \mathrm{d}\left(\dfrac{1}{\omega}\sin \omega t + C\right) = \cos \omega t \mathrm{d}t$ (C 为任意常数).

需要说明的是,例 5 是按照求(关键是求)微分的方法进行填空,也可以按照凑(关键是凑)微分的方法进行填空(在下一章类似例 5 是按照凑微分的方法进行填空),在此体会一下使用此种方法进行填空,即

$$x\mathrm{d}x = \left(\frac{1}{2}x^2\right)'\mathrm{d}x = \mathrm{d}\left(\frac{x^2}{2}\right),\text{由此得 } \mathrm{d}\left(\frac{x^2}{2}\right) = x\mathrm{d}x ;$$

$$\cos \omega t \mathrm{d}t = \cos \omega t \mathrm{d}\left(\frac{1}{\omega} \cdot \omega t\right) = \frac{1}{\omega}\cos \omega t \mathrm{d}(\omega t) = \frac{1}{\omega}(\sin \omega t)'\mathrm{d}(\omega t)$$

$$= \frac{1}{\omega}\mathrm{d}(\sin \omega t) \quad \text{(用到了一阶微分形式不变性)}$$

$$= \mathrm{d}\left(\frac{1}{\omega}\sin \omega t\right),$$

由此得 $\mathrm{d}\left(\dfrac{1}{\omega}\sin \omega t\right) = \cos \omega t \mathrm{d}t$.

一阶微分形式不变性看似简单,其实不然. 为更好地理解一阶微分形式不变性,有必要

介绍一阶微分形式不变性(复合函数微分法则)的实质(与后面讲的积分基本公式的实质等价),即若 $F'(x)=f(x)$ 或 $\mathrm{d}F(x)=f(x)\mathrm{d}x$,则

$$F'(u)=f(u) \text{ 或 } \mathrm{d}F(u)=f(u)\mathrm{d}u(u=\varphi(x)\text{可导}).$$

注意 一阶微分形式不变性的实质已经在本章 2.2 节例 10 中用过了,下面把本节例 5 的(2)用一阶微分形式不变性的实质再一次求解. 即 $\mathrm{d}\sin x=\cos x\mathrm{d}x$,得 $\mathrm{d}\sin u=\cos u\mathrm{d}u$(根据复合函数微分法则的实质),取 $u=\omega t$,得 $\mathrm{d}\sin \omega t=\cos \omega t\mathrm{d}\omega t=\omega\cos \omega t\mathrm{d}t$,从而

$$\cos \omega t\mathrm{d}t=\frac{1}{\omega}\mathrm{d}(\sin \omega t)=\mathrm{d}\left(\frac{1}{\omega}\sin \omega t\right).$$

一般地,有 $\quad \mathrm{d}\left(\frac{1}{\omega}\sin \omega t+C\right)=\cos \omega t\mathrm{d}t \quad (C\text{ 为任意常数}).$

例 6 设 $\mathrm{d}[x\ln(x+1)]=f(x)\mathrm{d}x$,在括号中填入适当的函数,使等式 $\mathrm{d}(\quad)=f(x+1)\mathrm{d}x$ 成立.

解 记 $F(x)=x\ln(x+1)$,则 $F(x+1)=(x+1)\ln(x+2)$.

由题设有 $\mathrm{d}F(x)=f(x)\mathrm{d}x$,根据一阶微分形式不变性的实质,得 $\mathrm{d}F(u)=f(u)\mathrm{d}u$.

取 $u=x+1$,得 $\mathrm{d}F(x+1)=f(x+1)\mathrm{d}(x+1)=f(x+1)\mathrm{d}x$,从而

$$\mathrm{d}[(x+1)\ln(x+2)]=f(x+1)\mathrm{d}x.$$

一般地,有 $\quad \mathrm{d}[(x+1)\ln(x+2)+C]=f(x+1)\mathrm{d}x \quad (C\text{ 为任意常数}).$

例 7 在化工高聚物生产技术中,已知 ω_1、ω_2 分别为某一瞬间两种单体的质量,$\overline{M_1}$、$\overline{M_2}$ 分别为两种单体的相对分子质量(常数),且 $[M_1]=\dfrac{\omega_1}{\overline{M_1}}$,$[M_2]=\dfrac{\omega_2}{\overline{M_2}}$,求 $\dfrac{\mathrm{d}[M_1]}{\mathrm{d}[M_2]}$.

解 由题设 $\mathrm{d}[M_1]=\mathrm{d}\left(\dfrac{\omega_1}{\overline{M_1}}\right)=\dfrac{1}{\overline{M_1}}\mathrm{d}\omega_1$,$\mathrm{d}[M_2]=\mathrm{d}\left(\dfrac{\omega_2}{\overline{M_2}}\right)=\dfrac{1}{\overline{M_2}}\mathrm{d}\omega_2$,所以

$$\frac{\mathrm{d}[M_1]}{\mathrm{d}[M_2]}=\frac{\dfrac{1}{\overline{M_1}}\mathrm{d}\omega_1}{\dfrac{1}{\overline{M_2}}\mathrm{d}\omega_2}=\frac{\overline{M_2}}{\overline{M_1}}\frac{\mathrm{d}\omega_1}{\mathrm{d}\omega_2}.$$

训练任务 2.6

1. 求函数 $y=\mathrm{e}^{\sqrt{2x+1}}$ 在 $x=0$ 处,$\Delta x=0.01$ 时的微分.

2. 求下列函数的微分:

(1) $y=\dfrac{1}{x}+2\sqrt{x}$; (2) $y=\mathrm{e}^{\cot x}$; (3) $y=\sqrt{2-5x^2}$; (4) $y=\ln\sqrt{1-x^3}$.

3. 将适合的函数填入下列括号,使等号成立:

(1) $\mathrm{d}(3x+2)=$ _____ $\mathrm{d}x$; (2) $\mathrm{d}(\sin at)=$ _____ $\mathrm{d}t$;

(3) $\mathrm{d}\left(\dfrac{1}{1+x}\right)=$ _____ $\mathrm{d}x$; (4) $\mathrm{d}[\ln(1+x)]=$ _____ $\mathrm{d}x$;

(5) $\mathrm{d}(\mathrm{e}^{2x})=$ _____ $\mathrm{d}x$; (6) $\mathrm{d}(\quad)=\mathrm{e}^{x^2}\mathrm{d}(x^2)$;

(7) $\mathrm{d}(\quad)=\dfrac{1}{1+x}\mathrm{d}x$; (8) $\mathrm{d}(\quad)=\mathrm{e}^{-2x}\mathrm{d}x$;

(9) $\mathrm{d}(\quad)=\dfrac{1}{\sqrt{x}}\mathrm{d}x$; (10) $\mathrm{d}(\quad)=\sec^2 3x\mathrm{d}x$.

4. 设 $d[x\ln(x+10)]=f(x)dx$,在括号中填入适当的函数,使等式 $d(\quad)=f(x+1)dx$ 成立.

2.7 洛必达法则

本节介绍导数在求未定式极限中的应用.

2.7.1 洛必达法则

设极限 $\lim\limits_{x\to a}\dfrac{f(x)}{g(x)}$ 为 "$\dfrac{0}{0}$" 或 "$\dfrac{\infty}{\infty}$" 型未定式. 如果 $\lim\limits_{x\to a}\dfrac{f'(x)}{g'(x)}$ 存在,那么 $\lim\limits_{x\to a}\dfrac{f(x)}{g(x)}$ 也存在且等于 $\lim\limits_{x\to a}\dfrac{f'(x)}{g'(x)}$;如果 $\lim\limits_{x\to a}\dfrac{f'(x)}{g'(x)}$ 为无穷大,那么 $\lim\limits_{x\to a}\dfrac{f(x)}{g(x)}$ 也是无穷大.

需要说明,把 $x\to a$ 改为 $x\to a^+,x\to a^-,x\to\infty,x\to+\infty$ 或 $x\to-\infty$ 结论仍然成立. 洛必达法则可以累次使用.

2.7.2 洛必达法则应用举例

1. 关于 "$\dfrac{0}{0}$" 或 "$\dfrac{\infty}{\infty}$" 型未定式

例 1　求 $\lim\limits_{x\to+\infty}\dfrac{\dfrac{\pi}{2}-\arctan x}{\dfrac{1}{x}}$.

解　$\lim\limits_{x\to+\infty}\dfrac{\dfrac{\pi}{2}-\arctan x}{\dfrac{1}{x}}=\lim\limits_{x\to+\infty}\dfrac{-\dfrac{1}{1+x^2}}{-\dfrac{1}{x^2}}=\lim\limits_{x\to+\infty}\dfrac{x^2}{1+x^2}=1$.

例 2　求 $\lim\limits_{x\to+\infty}\dfrac{\ln x}{x^n}$　$(n>0)$.

解　$\lim\limits_{x\to+\infty}\dfrac{\ln x}{x^n}=\lim\limits_{x\to+\infty}\dfrac{\dfrac{1}{x}}{nx^{n-1}}=\lim\limits_{x\to+\infty}\dfrac{1}{nx^n}=0$.

2. 可化为 "$\dfrac{0}{0}$" 或 "$\dfrac{\infty}{\infty}$" 型未定式

除 "$\dfrac{0}{0}$" 型和 "$\dfrac{\infty}{\infty}$" 型两个未定式外,还有一些其他形式的未定式,如 "$0\cdot\infty$"、"$\infty-\infty$"、"0^0"、"1^∞"、"∞^0" 型的未定式,其计算方法是通过适当的变形,把它们转化为 "$\dfrac{0}{0}$" 或 "$\dfrac{\infty}{\infty}$" 型的未定式来进行计算. 下面通过例题来说明该方法.

例 3　求 $\lim\limits_{x\to 0^+}x^n\ln x$　$(n>0)$.

解　这是 "$0\cdot\infty$" 型未定式. 由于 $x^n\ln x=\dfrac{\ln x}{\dfrac{1}{x^n}}$,当 $x\to 0^+$ 时,上式右端是 "$\dfrac{\infty}{\infty}$" 型未定式,可以考虑应用洛必达法则. 于是

$$\lim_{x\to 0^+} x^n \ln x = \lim_{x\to 0^+} \frac{\ln x}{x^{-n}} = \lim_{x\to 0^+} \frac{\frac{1}{x}}{-nx^{-n-1}} = \lim_{x\to 0^+} \left(\frac{-x^n}{n}\right) = 0 .$$

例 4 求 $\lim\limits_{x\to 0^+} x^x$

解 这是"0^0"型未定式. 由对数恒等式有 $x^x = \mathrm{e}^{\ln x^x} = \mathrm{e}^{x\ln x}$,因 $\lim\limits_{x\to 0^+} x^x = \lim\limits_{x\to 0^+} \mathrm{e}^{x\ln x} = \mathrm{e}^{\lim\limits_{x\to 0^+} x\ln x}$,应用例 3 当 $n=1$ 时的结果,得 $\lim\limits_{x\to 0^+} (x\ln x) = 0$,故

$$\lim_{x\to 0^+} x^x = \mathrm{e}^0 = 1 .$$

洛必达法则是求未定式极限的一种比较有效的方法,如果能与其他求极限的方法(如恒等变形,等价无穷小替换或重要极限等)结合使用,会使运算更加简捷.

例 5 求 $\lim\limits_{x\to 0} \dfrac{\tan x - x}{x^2 \sin x}$.

解 这是"$\dfrac{0}{0}$"型的未定式. 如果直接用洛必达法则,那么分母的导数比较复杂. 综合使用各种方法,运算就会更加简捷.

$$\lim_{x\to 0} \frac{\tan x - x}{x^2 \sin x} = \lim_{x\to 0} \frac{\tan x - x}{x^3} = \lim_{x\to 0} \frac{\sec^2 x - 1}{3x^2} = \lim_{x\to 0} \frac{\tan^2 x}{3x^2} = \lim_{x\to 0} \frac{x^2}{3x^2} = \frac{1}{3} .$$

训练任务 2.7

1. 利用洛必达法则求下列极限:

(1) $\lim\limits_{x\to 0} \dfrac{\mathrm{e}^x - \mathrm{e}^{-x}}{x}$;   (2) $\lim\limits_{x\to 1} \dfrac{\ln x}{x-1}$;   (3) $\lim\limits_{x\to 1} \dfrac{x^3 - 3x^2 + 2}{x^3 - x^2 - x + 1}$;

(4) $\lim\limits_{x\to \pi} \dfrac{\sin 3x}{\tan 5x}$;   (5) $\lim\limits_{x\to 0} \dfrac{\sin ax}{\sin bx}$ ($b\neq 0$);   (6) $\lim\limits_{x\to 1} \dfrac{x^3 - 3x + 2}{x^3 - x^2 - x + 1}$.

2. 利用洛必达法则求下列极限:

(1) $\lim\limits_{x\to +\infty} \dfrac{x + \ln x}{x\ln x}$;   (2) $\lim\limits_{x\to +\infty} \dfrac{\ln x}{x^n}$ ($n>0$);

(3) $\lim\limits_{x\to +\infty} \dfrac{x^n}{\mathrm{e}^{\lambda x}}$ (n 为正整数,$\lambda>0$);   (4) $\lim\limits_{x\to 0^+} \dfrac{\ln \tan 7x}{\ln \tan 2x}$.

3. 利用洛必达法则求下列极限:

(1) $\lim\limits_{x\to 1} \left(\dfrac{x}{x-1} - \dfrac{1}{\ln x}\right)$;   (2) $\lim\limits_{x\to \frac{\pi}{2}} (\sec x - \tan x)$.

4. 利用洛必达法则求下列极限:

(1) $\lim\limits_{x\to 0} x\cot 2x$;   (2) $\lim\limits_{x\to 0} x^2 \mathrm{e}^{\frac{1}{x^2}}$.

5. 利用洛必达法则求下列极限:

(1) $\lim\limits_{x\to 0^+} x^{\sin x}$;   (2) $\lim\limits_{x\to 0^+} \left(\dfrac{1}{x}\right)^{\tan x}$.

2.8 函数的单调性与极值

本节介绍导数在关于函数的单调性与极值中的应用.

2.8.1 函数的单调性

1. 函数单调性的性质

由函数 $f(x)$ 的单调性定义知,若函数 $f(x)$ 在区间 $[a,b]$ 上单调增加,则曲线 $y=f(x)$ 是一条沿 x 轴正向上升的曲线,曲线上各点处的切线斜率都是非负的,也就是 $f'(x) \geq 0$,如图 $2-7$ 所示.

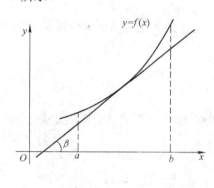

图 $2-7$

类似地,若函数 $f(x)$ 在区间 $[a,b]$ 上单调减少,则曲线 $y=f(x)$ 是一条沿 x 轴正向下降的曲线,曲线上各点处的切线斜率都是非正的,也就是 $f'(x) \leq 0$.

函数单调性的性质即由函数的单调性可以决定导数的符号.

2. 函数单调性的判定法

由函数单调性的性质知,函数的单调性可以决定导数的符号. 反过来,能否用导数的符号来判定函数的单调性呢? 回答是肯定的,见如下定理.

定理 1 设函数 $y=f(x)$ 在 $[a,b]$ 上连续,在 (a,b) 内可导.

(1)如果在 (a,b) 内恒有 $f'(x) > 0$,那么函数 $y=f(x)$ 在 $[a,b]$ 上单调增加;

(2)如果在 (a,b) 内恒有 $f'(x) < 0$,那么函数 $y=f(x)$ 在 $[a,b]$ 上单调减少.

如果将定理中的闭区间 $[a,b]$ 改为开区间 (a,b) 或无限区间等,结论同样成立.

一般地,如果 $f'(x)$ 在某区间内的有限个点处为 0,而在其余点处均有 $f'(x) > 0$(或 $f'(x) < 0$),那么 $f(x)$ 在该区间内仍为单调增加(或单调减少)的. 简言之,个别点处导数为 0,不影响函数的增减性.

例 1 判定函数 $y = x + \cos x$ 在区间 $[0,2\pi]$ 上的单调性.

解 在区间 $(0,2\pi)$ 内 $y' = 1 - \sin x \geq 0$,因为只有当 $x = \dfrac{\pi}{2}$ 时,$y' = 0$,而 $x \in \left[0, \dfrac{\pi}{2}\right) \cup \left(\dfrac{\pi}{2}, 2\pi\right]$ 均有 $y' > 0$,故该函数在 $[0,2\pi]$ 上是单调增函数.

例 2 讨论函数 $y = e^x - x - 1$ 的单调性.

解 函数 $y = e^x - x - 1$ 的定义域为 $(-\infty, +\infty)$,$y' = e^x - 1$.

因为在 $(-\infty, 0)$ 内 $y' < 0$,所以函数 $y = e^x - x - 1$ 在 $(-\infty, 0]$ 上单调减少.

因为在 $(0, +\infty)$ 内 $y' > 0$,所以函数 $y = e^x - x - 1$ 在 $[0, +\infty)$ 上单调增加.

由例 2 看出,有些函数在它的定义区间上不是单调的,但是当用导数等于 0 的点(在 $x = 0$ 处 $y' = 0$,$x = 0$ 是单调减少区间 $(-\infty, 0]$ 和单调增加区间 $[0, +\infty)$ 的分界点)来划分函数的定义区间以后,就可以使函数在划分后的各个部分区间上单调. 这个结论对于在定义区间上具有连续导数的函数都成立. 如果函数在某些点处不可导,那么划分函数的定义区间的分点,还应包括这些导数不存在的点. 综合上述两种情形,有如下**结论**.

如果函数在定义区间上连续,除去有限个导数不存在的点外导数存在且连续,那么只要用方程 $f'(x)=0$ 的根及 $f'(x)$ 不存在的点来划分函数 $f(x)$ 的定义区间,就能保证 $f'(x)$ 在各个部分区间内保持固定符号,从而使函数 $f(x)$ 在每个部分区间上单调(见例3).

例3 确定函数 $f(x)=36x^5+15x^4-40x^3-7$ 的单调区间.

解 函数 $f(x)$ 的定义域为 $(-\infty,+\infty)$,
$$f'(x)=180x^4+60x^3-120x^2=60x^2(x+1)(3x-2).$$

由 $f'(x)=0$ 得 $\qquad x_1=-1,x_2=0,x_3=\dfrac{2}{3}$.

虽然 $x_2=0$ 满足 $f'(0)=0$,但在 $x_2=0$ 的两侧邻近,$f'(x)$ 保持同一种符号(x 的平方起作用),故只需考虑 x_1 与 x_3,它们把 $(-\infty,+\infty)$ 分为 3 个区间 $(-\infty,-1)$,$\left(-1,\dfrac{2}{3}\right)$,$\left(\dfrac{2}{3},+\infty\right)$,见表 2 - 3.

表 2 - 3

x	$(-\infty,-1)$	-1	$\left(-1,\dfrac{2}{3}\right)$	$\dfrac{2}{3}$	$\left(\dfrac{2}{3},+\infty\right)$
$f'(x)$	+	0	$-$ (其中 $f'(0)=0$)	0	+
$f(x)$	↗		↘		↗

从表中容易看出,$f(x)$ 在区间 $\left(-1,\dfrac{2}{3}\right)$ 内单调减少;在区间 $(-\infty,1)$ 和 $\left(\dfrac{2}{3},+\infty\right)$ 内单调增加.

需要说明的是,单调区间对端点而言,有时必须考虑端点,如例1;而有时不必考虑端点,如例2和例3.

例4 设一质点的运动速度是 $v=\dfrac{3}{4}t^4-7t^3+15t^2+v_0$. 问从 $t=0$ 到 $t=10$ 这段时间内,运动速度的改变情况怎样.

解 $\qquad v'(t)=3t^3-21t^2+30t=3t(t-2)(t-5).$

当 $0<t<2$ 时,$v'(t)>0$,说明运动速度 v 是单调增加的.

当 $2<t<5$ 时,$v'(t)<0$,说明运动速度 v 是单调减少的.

当 $5<t<10$ 时,$v'(t)>0$,说明运动速度 v 又是单调增加的.

2.8.2 函数的极值

1. 极值的定义

设函数 $f(x)$ 在点 x_0 某邻域有定义,如果对该邻域内任意的 $x(x\neq x_0)$ 总有 $f(x)<f(x_0)$,那么称 $f(x_0)$ 为函数 $f(x)$ 的极大值,称 $x=x_0$ 为函数 $f(x)$ 的极大值点;如果对该邻域内任意的 $x(x\neq x_0)$ 总有 $f(x)>f(x_0)$,那么称 $f(x_0)$ 为函数 $f(x)$ 的极小值,称 $x=x_0$ 为函数 $f(x)$ 的极小值点. 极大点与极小点统称为极值点. 极大值与极小值统称为极值.

函数的极值是局部性概念. 如果 $f(x_0)$ 是函数 $f(x)$ 的一个极大值,那只是就 x_0 附近的一个局部范围来说,$f(x_0)$ 是函数 $f(x)$ 的一个最大值;如果就 $f(x)$ 的整个定义域来说,$f(x_0)$

不见得是最大值. 关于极小值也类似.

2. 极值存在的必要条件

定理 2　如果 $f(x)$ 在点 x_0 处可导,且在 x_0 处取得极值,那么 $f'(x_0) = 0$.

把使得导数为 0 的点(即方程 $f'(x) = 0$ 的根)称为函数 $f(x)$ 的**驻点**.

这就是说,可导函数 $f(x)$ 的极值点必定是它的驻点. 但反过来,函数的驻点却不一定是极值点. 例如,函数 $f(x) = x^3$ 的导数为 $f'(x) = 3x^2$,由于 $f'(0) = 0$,因此 $x = 0$ 是函数的驻点,但 $x = 0$ 却不是该函数的极值点(如图 2-8). 这说明驻点是极值可疑点.

值得注意的是,该定理的条件之一是函数在点 x_0 可导. 而导数不存在,但连续的点处函数也有可能取得极值. 例如函数 $f(x) = x^{\frac{2}{3}}$,有 $f'(x) = \frac{2}{3}x^{-\frac{1}{3}}$,显然 $f'(0)$ 不存在,但在 $x = 0$ 处却取得极小值 $f(0) = 0$(如图 2-9 所示).

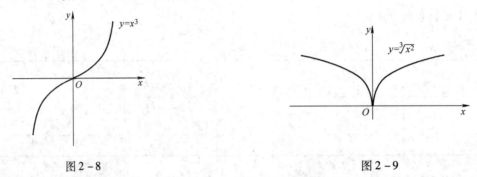

图 2-8　　　　　　　　　　　　　　　图 2-9

函数的极值点只能在驻点和导数不存在的点中产生,称它们为**可能极值点**(或**极值可疑点**).

3. 极值存在的第一充分条件

定理 3(第一充分条件)　设函数 $f(x)$ 在点 $x = x_0$ 的某邻域内可导,$f'(x_0) = 0$(或 $f(x)$ 在点 x_0 的某邻域内除点 x_0 外处处连续并且可导,且 $f(x)$ 在点 x_0 处连续).

(1)如果在点 x_0 的左邻域内 $f'(x) > 0$;在点 x_0 的右邻域内 $f'(x) < 0$,那么 x_0 就是 $f(x)$ 的极大值点,$f(x_0)$ 是 $f(x)$ 的极大值.

(2)如果在点 x_0 的左邻域内 $f'(x) < 0$;在点 x_0 的右邻域内 $f'(x) > 0$,那么 x_0 就是 $f(x)$ 的极小值点,$f(x_0)$ 是 $f(x)$ 的极小值.

(3)如果在点 x_0 的邻域内,$f'(x)$ 不变号,那么 x_0 就不是 $f(x)$ 的极值点.

4. 求函数极值的步骤

由以上定理可得出求函数极值点和极值的步骤如下.

第一步:确定函数 $f(x)$ 的定义域 D.

第二步:求 $f'(x)$.

第三步:求出 D 内所有驻点及使 $f(x)$ 连续、$f'(x)$ 不存在的所有点(全部可能极值点).

第四步:讨论 $f'(x)$ 在驻点和不可导点的左右两侧近旁符号变化的情况,一般需要列表.

第五步:利用上述定理求出极值点所对应的函数值,即极大值或极小值.

例 5　求函数 $f(x) = x - \frac{3}{2}x^{\frac{2}{3}}$ 的单调增减区间和极值.

解 函数 $f(x)$ 的定义域为 $(-\infty, +\infty)$，$f'(x) = 1 - x^{-\frac{1}{3}}$，令 $f'(x_0) = 0$ 得 $x = 1$，当 $x = 0$ 时，$f'(x)$ 不存在. 分析见表 2-4.

表 2-4

x	$(-\infty,0)$	0	$(0,1)$	1	$(1,+\infty)$
$f'(x)$	+	不存在	-	0	+
$f(x)$	↗	极大值 0	↘	极小值 $-\dfrac{1}{2}$	↗

由表 2-4 可知，函数 $f(x)$ 在 $(-\infty,0)$ 和 $(1,+\infty)$ 内单调增加，在 $(0,1)$ 内单调减少. 在点 $x = 0$ 处有极大值 $f(0) = 0$，在点 $x = 1$ 处有极小值 $f(1) = -\dfrac{1}{2}$.

5. 极值存在的第二充分条件

对驻点而言，判定函数极值还可用求 $y = f(x)$ 的二阶导数的方法，也就是当 $y = f(x)$ 在驻点处的二阶导数存在且不为 0 时，还可用下面定理来判定函数的极值.

定理 4 (第二充分条件) 设函数 $f(x)$ 在点 $x = x_0$ 处有二阶导数且 $f'(x_0) = 0$，$f''(x_0) \neq 0$，

(1) 如果 $f''(x_0) > 0$，那么 $f(x_0)$ 为 $f(x)$ 的极小值;

(2) 如果 $f''(x_0) < 0$，那么 $f(x_0)$ 为 $f(x)$ 的极大值.

例 6 求函数 $f(x) = x^3 - 3x$ 的极值.

解 函数 $f(x)$ 的定义域为 $(-\infty, +\infty)$，
$$f'(x) = 3x^2 - 3 = 3(x-1)(x+1),$$
令 $f'(x) = 0$ 得驻点 $x_1 = -1, x_2 = 1$.
$$f''(x) = 6x,$$
因为 $f''(-1) = -6 < 0$，所以 $f(-1) = 2$ 为极大值; 因为 $f''(1) = 6 > 0$，所以 $f(1) = -2$ 为极小值.

注意 当 $f'(x_0) = f''(x_0) = 0$ 时，定理失效. 遇到此类情形只能用极值存在的第一充分条件来求其极值.

训练任务 2.8

1. 求下列函数的单调区间:

(1) $y = 3x^2 + 6x + 5$; (2) $y = x^4 - 2x^2 + 2$;

(3) $y = \dfrac{x^2}{1+x}$; (4) $y = 2x^2 - \ln x$;

(5) $y = \arctan x - x$; (6) $y = x^3 + x$;

(7) $y = x - \ln(1+x)$; (8) $y = 2x^3 + 9x^2 + 12x - 3$.

2. 求函数 $f(x) = 2x^3 - 9x^2 + 12x - 3$ 的极值.

3. 求下列函数的极值点和极值:

(1) $y = 2 + x - x^2$; (2) $y = x^2 \ln x$.

4. 求下列函数在指定区间内的极值:

(1) $f(x) = \sin x + \cos x$ $\left(-\dfrac{\pi}{2}, \dfrac{\pi}{2}\right)$; (2) $f(x) = e^x \cos x$ $(0, 2\pi)$.

5. 求下列函数的极值:

(1) $y = x^3 - 3x^2 + 7$； (2) $y = \sqrt{2 + x - x^2}$.

6. 利用二阶导数,判断函数 $y = x^3 - 3x^2 - 9x - 5$ 的极值.

2.9 最值问题

在工农业生产、工程技术及科学实验中,往往会遇到这样一类问题:在一定条件下,怎样使"产品最多"、"用料最省"、"成本最低"、"效率最高"等. 这类问题在数学上有时可归结为求某一函数的最大值或最小值问题,统称为最值问题.

函数的最大值(最小值)是指在整个定义域上所有函数值当中的最大(小)者,因而最大(小)值是全局性的概念,而极值则是一个局部性概念. 最大(或最小)值与极大(或极小)值是不同的. 在一个区间内可能有多个数值不同的极大值或极小值,有的极小值也有可能大于某个极大值. 但最大(或最小)值只有一个,最小值必小于最大值.

下面,就函数的不同情况,分别研究函数的最值的求法.

2.9.1 闭区间 $[a,b]$ 上连续函数的最值

设函数 $f(x)$ 为初等函数. 由连续函数的性质知,如果 $f(x)$ 在闭区间上连续,那么一定存在最大值和最小值. 显然,最值如果在区间内部取得,它是极值点的函数值;如果不在区间内部取得,它是端点的函数值. 因此,只要求出函数 $f(x)$ 的所有极值点和端点的函数值进行比较,即可得到函数在该区间上的最值.

由于极值点肯定是可能极值点(驻点或一阶导数不存在的点),所以求极值时,首先求出所有可能极值点的函数值和端点的函数值,然后进行比较即可,而不必判定这些可能极值点是否确为极值点.

例 1 求 $f(x) = x^4 - 2x^2 + 5$ 在 $[-2,2]$ 上的最大值和最小值.

解 $f'(x) = 4x^3 - 4x = 4x(x+1)(x-1)$,令 $f'(x) = 0$,得 $x_1 = -1, x_2 = 0, x_3 = 1$. 而 $f(-1) = 4, f(0) = 5, f(1) = 4, f(-2) = 13, f(2) = 13$.

将上述函数值进行比较后可知, $f(x)$ 在区间 $[-2,2]$ 上的最大值为 $f(-2) = f(2) = 13$,最小值为 $f(-1) = f(1) = 4$.

2.9.2 函数在区间内只有一个驻点的最值

如果 $f(x)$ 在一个区间(有限或无限,开或闭)内可导并且只有一个驻点 x_0,那么,当 $f(x_0)$ 是极大值时, $f(x_0)$ 就是 $f(x)$ 在该区间上的最大值;当 $f(x_0)$ 是极小值时, $f(x_0)$ 就是 $f(x)$ 在该区间上的最小值.

例 2 求函数 $y = -x^2 + 4x - 3$ 的最大值.

解 函数的定义域为 $(-\infty, +\infty)$. $y' = -2x + 4 = -2(x-2)$,令 $y' = 0$,得驻点 $x = 2$.

因为 $y'' = -2 < 0$,故 $x = 2$ 是函数的极大值点,极大值为 $y|_{x=2} = 1$.

函数在 $(-\infty, +\infty)$ 内只有唯一的一个极值点,所以函数的极大值就是函数的最大值,即函数的最大值点是 $x = 2$,最大值为 $y|_{x=2} = 1$.

2.9.3 实际问题中函数的最值

实际问题中,往往根据问题的实际意义就可以断定函数 $f(x)$ 确有最大值或最小值,而且一定在定义区间内部取得. 这时如果实际问题的函数在定义区间内部只有一个驻点 x_0,

那么,就可断定 $f(x_0)$ 是所求的最大值或最小值.

例 3 欲用长 6 m 的铝合金料加工一"日"字形窗框,问它的长和宽分别为多少时,才能使窗户面积最大,最大面积是多少?

解 设窗框的宽为 x m,则长为 $\frac{1}{2}(6-3x)$ m. 窗户的面积为

$$y = x \cdot \frac{1}{2}(6-3x) = 3x - \frac{3}{2}x^2 \quad (0 < x < 6),$$

$$y' = 3 - 3x.$$

令 $y' = 0$,求得驻点 $x = 1$,当 $x = 1$ 时,$y = \frac{3}{2}$.

由于函数在定义区间内只有唯一的驻点,而由实际问题知道面积的最大值存在,因此驻点就是最大值点.

故窗户的宽为 1 m,长为 $\frac{3}{2}$ m 时,窗户的面积最大. 最大的面积 $y(1) = \frac{3}{2}$ m^2.

例 4 在萃取操作中,一定量的萃取剂,如果分两次操作,那么在等分情况下,萃取效果最好.

解 设共有萃取剂 b mL,第一次用量为 b_1 mL,第二次用量为 b_2 mL,则 $b_2 = b - b_1$. 设 a 为被萃取的溶液体积,x_0 是被萃取液的初始浓度,x 为第一次萃取后的萃余液浓度.

根据分配定律,知溶质 A 在有机相和水相中的分配平衡浓度之比为分配系数(分配平衡常数)k,即

$$k = \frac{[A]_{\text{有}}}{[A]_{\text{水}}}.$$

其中 $[A]_{\text{有}}$,$[A]_{\text{水}}$ 为溶质 A 分别在有机相和水相的中的平衡浓度.

被萃取液中萃取物含量(ax_0)等于水相内萃取物的含量(ax,即第一次萃取后的萃余液内萃取物的含量)与有机相取去萃取物的含量($b_1[A]_{\text{有}} = b_1 k[A]_{\text{水}} = b_1 kx$)之和,即 $ax_0 = ax + b_1 kx$. 于是得第一次萃取后的萃余液浓度 $x = \frac{a}{a + kb_1}x_0$.

同样可得出第二次萃取后的萃余液浓度 $y = \frac{a}{a + kb_2}x$. 把 $b_2 = b - b_1$、$x = \frac{a}{a + kb_1}x_0$ 代入 $y = \frac{a}{a + kb_2}x$,就有 $y = \frac{a^2 x_0}{(a + kb - kb_1)(a + kb_1)}$.

要求萃取效果最好,即萃余液浓度最小. 由于 $\frac{\mathrm{d}y}{\mathrm{d}b_1} = \frac{a^2 x_0 [-k^2(b - 2b_1)]}{[(a + kb_1)(a + kb - kb_1)]^2}$,令 $\frac{\mathrm{d}y}{\mathrm{d}b_1} = 0$,得 $b - 2b_1 = 0$,即 $b_1 = \frac{b}{2}$. 代入 $b_2 = b - b_1$,得 $b_2 = \frac{b}{2}$.

这表明在等分情况下,萃取效果最好.

这个结论也有一般性,即如果分 n 次操作,那么每次用量都取 $\frac{b}{n}$ 情况下,萃取效果最好.

例 5 设有一根长为 l 的铁丝,将其分为两段,分别构成圆形和正方形. 若记圆形面积为 S_1,正方形面积为 S_2,当 $S_1 + S_2$ 最小时,求 $\frac{S_1}{S_2}$.

解 设一段长为 x 构成圆,则另一段长为 $l-x$ 构成正方形.

由 $2\pi R = x$,得圆形半径为 $R = \dfrac{x}{2\pi}$;正方形的边长为 $\dfrac{l-x}{4}$. 记 $S = S_1 + S_2$,则

$$S = \pi\left(\frac{x}{2\pi}\right)^2 + \left(\frac{l-x}{4}\right)^2 = \frac{x^2}{4\pi} + \frac{(l-x)^2}{16} \quad (0 < x < l),$$

由 $S' = \dfrac{x}{2\pi} + \dfrac{l-x}{8}(-1) = \dfrac{x}{2\pi} + \dfrac{x-l}{8} = \left(\dfrac{1}{2\pi} + \dfrac{1}{8}\right)x - \dfrac{l}{8} = 0$,得 $x = \dfrac{l}{4+\pi}$ 是唯一驻点.

$S''\left(\dfrac{l}{4+\pi}\right) > 0$ 说明 S 在 $x = \dfrac{l}{4+\pi}$ 处取得唯一极小值,即是 S 的最小值.

故,当用 $x = \dfrac{l}{4+\pi}$ 长构成圆,剩下的长构成正方形时,$S_1 + S_2$ 最小. 此时

$$\frac{S_1}{S_2} = \frac{x^2}{4\pi} \cdot \frac{16}{(l-x)^2}\bigg|_{x=\frac{l}{4+\pi}} = \frac{4}{\pi} \cdot \left(\frac{x}{l-x}\right)^2\bigg|_{x=\frac{l}{4+\pi}} = \frac{4}{\pi} \cdot \left(\frac{\pi}{4}\right)^2 = \frac{\pi}{4}.$$

例 6 已知矩形的周长为 $2P$,将它绕其一边旋转而构成立体. 试问矩形的长、宽各为多少时,所得的立体体积最大.

解 设矩形的一边长为 x,另一边长是 y,绕 y 边旋转所得体积为 V,满足 $2x + 2y = 2P$,$V = \pi x^2 y$,所以

$$V = \pi x^2(P - x) \quad (0 < x < P).$$

由 $V' = 2\pi Px - 3\pi x^2 = \pi x(2P - 3x) = 0$,得 $x = \dfrac{2}{3}P$ 是唯一驻点($x = 0$ 舍).

$V''\left(\dfrac{2}{3}P\right) < 0$ 说明 V 在 $x = \dfrac{2}{3}P$ 处取得唯一极大值,即是 V 的最大值.

故,当矩形的长为 $\dfrac{2}{3}P$,宽为 $\dfrac{P}{3}$,且绕宽旋转时所得旋转体的体积最大.

例 7 露天水渠的横断面是一个无上底的等腰梯形. 若水渠中水流横断面的面积为 S,水深为 h. 问水渠侧边的倾角 α 为多大时,才能使水渠横断面被水浸没的部分为最小.

解 设水渠底宽为 b,而梯形的腰长为 L,则

$$L = \frac{h}{\sin \alpha},$$

$$S = \frac{1}{2}\left[b + \left(b + 2 \cdot \frac{h}{\tan \alpha}\right)\right] \cdot h = \left(b + \frac{h}{\tan \alpha}\right)h.$$

水渠横断面被水浸没的部分用 $f(\alpha)$ 表示,有

$$f(\alpha) = 2L + b = \frac{2h}{\sin \alpha} + \frac{S}{h} - \frac{h}{\tan \alpha} \quad \left(0 < \alpha < \frac{\pi}{2}\right),$$

由 $f'(\alpha) = 2h\left(-\dfrac{1}{\sin^2\alpha} \cdot \cos \alpha\right) + h\csc^2\alpha = \dfrac{h}{\sin^2\alpha}(1 - 2\cos \alpha) = 0$,得唯一驻点 $\alpha = \dfrac{\pi}{3}$.

$f''\left(\dfrac{\pi}{3}\right) > 0$(或 $\alpha < \dfrac{\pi}{3}$ 时,$f'(\alpha) < 0$;$\alpha > \dfrac{\pi}{3}$ 时,$f'(\alpha) > 0$)说明 $f(\alpha)$ 在 $\alpha = \dfrac{\pi}{3}$ 取得唯一极小值,即是最小值.

故当水渠侧边的倾角 $\alpha = \dfrac{\pi}{3}$ 时,才能使水渠横断面被水浸没的部分为最小.

2.9.4 初中文凭能独步中华的华罗庚(阅读)

张顺燕在《数学的美与理》中介绍华罗庚是20世纪中国最杰出的数学家.

华罗庚1910年11月12日生于江苏省金坛县,因家境贫寒,早年没有接受过系统的教育.他初中毕业后,考取了上海中华职业学校,因拿不出50元的学费而中途辍学,回金坛帮助其父经营"乾生泰"小店,同时刻苦自修数学.

华罗庚1930年因在上海的《科学》杂志上发表了一篇关于五次方程的文章而受到清华大学数学系主任熊庆来的注意.熊庆来认为华罗庚有培养前途.经他推荐,华罗庚于1931年到清华大学数学系任数学系助理.1933年被破格提升为助教,一年后教微积分课;1934年成为中华文化教育基金会董事会乙种研究员;1935年被提升为教员;1936年作为访问学者到英国剑桥大学进修;1938年应清华大学之聘,任正教授,执教于西南联合大学;1946年2月至5月应苏联科学院与苏联对外文化协会的邀请对苏联作了广泛的访问;1946年7月赴美,先在普林斯顿高级研究院作研究,后在普林斯顿大学教数论;1948年春在伊利诺伊大学任正教授;1950年2月回国,任清华大学数学系教授,并着手筹建中国科学院数学研究所;1952年出任中国科学院数学研究所第一任所长.

1957年,华罗庚等人在《光明日报》发表联名文章,对我国的科技发展提出了宝贵意见,但该文竟被批判为反党、反社会主义的科学纲领.华罗庚被剥夺了发言权,成为数学所的重点批判对象.

1958年后,华罗庚普及优选法,足迹遍及全国,使我国广大企业取得了很好的经济效益.

1966年,长达十年的"文化大革命"爆发,华罗庚在劫难逃,被抄家好几次,手稿散失殆尽.

华罗庚在解析数论、矩阵几何学、典型群、自守函数、多复变函数论、偏微分方程、高维数值积分等广泛的数学领域都作出了卓越的贡献.

华罗庚是享有国际盛誉的数学家.1978年他出任中国科学院副院长,1982年当选为美国科学院院士,1983年当选为第三世界科学院院士.

值得一提的是,华罗庚文学水平极高,他写了不少诗文,并以诗歌的形式传授数学方法论.

1985年6月12日华罗庚于日本东京讲学时猝死.

训练任务2.9

1. 求下列函数在给定区间上的最大值和最小值:

$(1) y = x + \sqrt{x}$ $[0,4]$; $\qquad$ $(2) y = \ln(x^2 + 1)$ $[-1,2]$;

$(3) y = x + \sqrt{1-x}$ $[-3,1]$; $\qquad$ $(4) y = \dfrac{x}{x^2+1}$ $[0, +\infty)$.

2. 求函数 $f(x) = -x^4 + \dfrac{8}{3}x^3 - 2x^2 + 2$ 的最值.

3. 某车间靠墙壁要盖一间长方形小屋,现有存砖只够砌20 m长的墙壁.问应围成怎样的长方形才能使这间小屋的面积最大.

4. 以汽船拖载重相等的小船若干只,在两港之间来回运送货物.已知每次拖4只小船一日能来回16次,每次拖7只则一日能来回10次,如果小船增多的只数与来回减少的次数成正比,问每日来回多少次,每次拖多少只小船能使运货量达到最大.

5. 制造圆柱形封闭容器,体积为 V,底面直径和高采用何种关系时,表面积最小.

6. 以直的河岸为一边,用石条岩围出一矩形场地用于绿化环境,现有 36 m 长的石条沿,问能围出最大场地的面积是多少?

7. 用一块边长为 60 cm 的正方形铁皮,从四角各剪掉一个面积相等的小正方形,然后将四边折起来做成一个无盖的方盒,问所剪的小正方形边长为多少时方盒的容积最大.

第2章能力训练项目

一、单项选择题

1. 设 $f(x) = x^2$,则 $\lim\limits_{x \to 3} \dfrac{f(x) - f(3)}{x - 3} = ($ $)$.

A. $2x$ B. 2 C. 6 D. -6

2. 函数 $f(x)$ 在点 x_0 处连续,是 $f(x)$ 在点 x_0 处可导的$($ $)$.

A. 必要条件   B. 充分条件   C. 充要条件   D. 无关条件

3. 曲线 $y = x^3$ 在点 $x = 1$ 处切线的斜率为$($ $)$.

A. 1 B. 2 C. 3 D. 0

4. 曲线 $y = \dfrac{1}{x}$ 在点 $x = 1$ 处的切线方程为$($ $)$.

A. $y = -x + 2$ B. $y = x$ C. $y = x + 1$ D. $y = -x$

5. 曲线 $y = x^2$ 在点 $x = -2$ 处的切线方程为$($ $)$.

A. $y = -4x + 4$ B. $y = -4x - 4$ C. $y = 4x + 4$ D. $y = 4x - 4$

6. 设函数 $y = x^2 + 2^x + \log_2 x$,则 $y' = ($ $)$.

A. $2x + 2^x + \dfrac{1}{x \ln 2}$ B. $2x + 2^x \ln 2 + \dfrac{1}{x \ln 2}$

C. $2x + 2^x + \dfrac{1}{x}$ D. $2x + 2^x \ln 2 + \dfrac{1}{x}$

7. 设 $y = x \ln x$,则 $y' = ($ $)$.

A. $\ln x$ B. x C. $1 + \ln x$ D. $\dfrac{1}{x}$

8. 设 $f(\dfrac{1}{x}) = x$,则 $f'(x) = ($ $)$.

A. $\dfrac{1}{x^2}$ B. $-\dfrac{1}{x^2}$ C. $\dfrac{1}{x}$ D. $-\dfrac{1}{x}$

9. 设 $f(x) = \dfrac{1 - x}{1 + x}$,则 $f'(0) = ($ $)$.

A. -2 B. 2 C. -1 D. 1

10. 函数 $f(x)$ 在点 x_0 可导是函数在该点可微的$($ $)$.

A. 充分条件   B. 必要条件   C. 充要条件   D. 无关条件

11. 设 $y = \dfrac{\ln x}{x}$,则 $\mathrm{d}y = ($ $)$.

A. $\dfrac{1-\ln x}{x^2}$　　　　B. $\dfrac{1-\ln x}{x^2}\mathrm{d}x$　　　　C. $\dfrac{\ln x-1}{x^2}$　　　　D. $\dfrac{\ln x-1}{x^2}\mathrm{d}x$

12. 设 $y=2^{x^2}$，则 $\mathrm{d}y=(\qquad)$．

A. $2^{x^2}\ln 2$　　　B. $2^{x^2}\ln 2\mathrm{d}x$　　　C. $x2^{x^2}\ln 2\mathrm{d}x$　　　D. $2x2^{x^2}\ln 2\mathrm{d}x$

13. 设 $y=\sin x^2$，则 $\mathrm{d}y=(\qquad)$．

A. $-2x\sin x^2\mathrm{d}x$　　　B. $-2x\cos x^2\mathrm{d}x$　　　C. $2x\sin x^2\mathrm{d}x$　　　D. $2x\cos x^2\mathrm{d}x$

14. 设 $y=\sin^2(2x-1)$，则 $\mathrm{d}y=(\qquad)$．

A. $2\sin(2x-1)$

B. $2\sin(2x-1)\mathrm{d}x$

C. $2\sin(2x-1)\cos(2x-1)\mathrm{d}x$

D. $2\sin(4x-2)\mathrm{d}x$

15. 设 $f(x)=\mathrm{e}^{\cos x}$，则 $f''(0)=(\qquad)$．

A. $-\mathrm{e}$　　　　　B. e　　　　　C. -1　　　　　D. 1

16. 不能用洛必达法则求下列极限的是（$\qquad$）．

A. $\lim\limits_{x\to 1}\dfrac{4x-1}{x^2+3x-4}$　　B. $\lim\limits_{x\to 0}\dfrac{(1+x)^2-1}{x}$　　C. $\lim\limits_{x\to\infty}\dfrac{x-3x^2}{2x^2-x+2}$　　D. $\lim\limits_{x\to 1}\dfrac{\sin(x^2-1)}{x-1}$

17. 能用洛必达法则求下列极限的是（$\qquad$）．

A. $\lim\limits_{x\to\infty}\dfrac{x-\sin x}{x+\sin x}$　　B. $\lim\limits_{x\to 0}\dfrac{1-\cos x}{1+x^2}$　　C. $\lim\limits_{x\to\infty}\dfrac{x+\sin x}{x}$　　D. $\lim\limits_{x\to a}\dfrac{x-a}{x^n-a^n}$

18. 函数 $y=x^3+12x+1$ 在定义区间内是（$\qquad$）．

A. 单调增加　　　B. 先增后减　　　C. 单调减少　　　D. 先减后增

19. 函数 $f(x)=3x^4+4x^3$ 的单调增加区间为（$\qquad$）．

A. $(-\infty,-1)$　　　B. $(-1,+\infty)$　　　C. $(0,+\infty)$　　　D. $(-\infty,0)$

20. 函数 $f(x)=2x^2-\ln x$ 单调增加区间为（$\qquad$）．

A. $\left(0,\dfrac{1}{2}\right)$

B. $\left(-\dfrac{1}{2},0\right)\cup\left(\dfrac{1}{2},+\infty\right)$

C. $\left(\dfrac{1}{2},+\infty\right)$

D. $\left(-\infty,-\dfrac{1}{2}\right)\cup\left(0,\dfrac{1}{2}\right)$

21. 函数 $y=x^2+x$ 的单调减少区间为（$\qquad$）．

A. $\left(0,-\dfrac{1}{2}\right)$　　　B. $\left(0,\dfrac{1}{2}\right)$　　　C. $\left(-\infty,-\dfrac{1}{2}\right)$　　　D. $\left(\dfrac{1}{2},+\infty\right)$

22. 函数 $y=x^2-3x+5$ 在区间 $[0,3]$ 是（$\qquad$）．

A. 先增后减　　　B. 先减后增　　　C. 单调增加　　　D. 单调减少

23. 函数 $y=3x^2-x^3$（$\qquad$）．

A. 有极大值 0 和极小值 4　　　　B. 有极大值 4 和极小值 1

C. 有极小值 0 和极大值 4　　　　D. 有极小值 0 和极大值 1

24. 函数 $f(x)=x^3-12x$ 在闭区间 $[-3,3]$ 上的最大值点为（$\qquad$）．

A. $x=-2$　　　B. $x=3$　　　C. $x=2$　　　D. $x=-3$

二、填空题

1. 设函数 $f(x)$ 在点 x_0 处可导，且 $f'(x_0)=1$．则 $\lim\limits_{\Delta x\to 0}\dfrac{f(x_0+3\Delta x_0)-f(x_0)}{\Delta x}=$＿＿＿＿＿．

2. 设 $f'(x_0)$ 存在，依照导数的定义有 $\lim\limits_{h\to 0}\dfrac{f(x_0+h)-f(x_0-h)}{h}=$＿＿＿＿＿．

3. 设物体绕定轴旋转,在时间间隔$[0,t]$内转过角度θ,从而转角θ是t的函数,$\theta=\theta(t)$.若旋转是匀速的,则称$\omega=\dfrac{\theta}{t}$为该物体旋转的角速度. 若旋转是非匀速的,则该物体在时刻t_0时的角速度 = _____.

4. 一个物体按规律$s(t)=3t-t^2$做直线运动,在时间$t=$_____时,物体的瞬时速度为0.

5. 曲线$y=xe^x$在点$x=1$的切线斜率为_____.

6. 在曲线$y=\sqrt{x}$上有一点M,使得直线$x-2y+5=0$与过点M的切线平行,则点M的坐标为_____.

7. 设函数$f(x)=\sin e^{-x}$,则$f'(x)=$_____.

8. 设$y=3^{\sin x}$,则$y'=$_____.

9. 设$y=\dfrac{(x-1)(x^2+2)}{x^2-9}$,则$\dfrac{dy}{dx}=$_____.

10. 设$f(x)=\ln x^2+\ln^2 x$,则$f''(x)=$_____.

11. 设$y=x^2$,当$x=\dfrac{1}{2}$,$\Delta x=0.1$时 $dy=$_____,$\Delta y=$_____.

12. 函数$y=x^2$在$x=1$处的改变量与微分之差$\Delta y-dy=$_____.

13. $d(\sqrt{1+e^x})=$_____.

14. $d(2x^3+x-1)=$_____.

15. 设$y=\ln(1-x^2)$,则$dy=$_____.

16. 设$f(u)$可微,且$y=f(x^2)$,则$dy=$_____.

17. 设$y=xe^x$,则$y''=$_____.

18. 设$xe^y-y=2$,则$\dfrac{dy}{dx}=$_____.

19. 函数$y=x^3-3x$的单调减少区间为_____.

20. 函数$y=x^3+2x^2+x+7$的单调增加区间为_____.

21. 求函数$y=x+\dfrac{1}{x}$的单调增加区间_____.

22. 函数$y=\ln(1+x^2)$的极小值为_____.

23. 函数$y=x^3-3x+3$在$\left[-3,\dfrac{3}{2}\right]$上的最小值为_____.

24. 函数$y=x^2+2\sqrt{x}$在$[0,4]$上的最大值为_____.

25. 函数$f(x)=x-\ln x$在$[e^{-1},e]$上的最小值为_____.

三、计算题

1. 讨论函数$f(x)=\begin{cases}\sin x, & x<0, \\ x, & x\geqslant0\end{cases}$ 在$x=0$处的连续性与可导性.

2. 设$y=x^2\sin\dfrac{1}{x}$,求y',dy.

3. 设$y=\sin^3(2x+1)$,求y'.

4. 设$y=2^{\sin^2 x}$,求y'.

5. 设 $y = e^{-x^2+2x-1}$，求 y'.

6. 设 $y = \ln \tan \dfrac{x}{2}$，求 y'，$y'|_{x=\frac{\pi}{2}}$.

7. 设参数式函数 $\begin{cases} x = \dfrac{t}{1+t^2}, \\ y = \dfrac{t^2}{1+t^2}, \end{cases}$ 求 $\dfrac{dy}{dx}$.

8. 设 $y^2 + x^2 - xy = x$，求 $\dfrac{dy}{dx}$.

9. 设 $e^{x+y} - xy = 1$，求 $\dfrac{dy}{dx}$.

10. 设 $xy - e^x + e^y = 1$，求 $\dfrac{dy}{dx}$.

11. 设 $\ln y - xe^y = 1$，求 $\dfrac{dy}{dx}$.

12. 设 $e^y - e^{-x} + xy = 0$，求 dy.

13. 求下列极限：

(1) $\lim\limits_{x \to 1} \left(\dfrac{x}{x-1} - \dfrac{1}{\ln x} \right)$；　　(2) $\lim\limits_{x \to 0} \dfrac{e^x + e^{-x} - 2}{x^2}$；　　(3) $\lim\limits_{x \to 0} \dfrac{1 - \cos 2x}{x \sin x}$；

(4) $\lim\limits_{x \to 0} \left(\dfrac{1}{x} - \dfrac{1}{e^x - 1} \right)$；　　(5) $\lim\limits_{x \to 0} \left(\dfrac{1}{\sin x} - \dfrac{1}{x} \right)$；　　(6) $\lim\limits_{x \to \infty} x \left(e^{\frac{1}{x}} - 1 \right)$.

(7) $\lim\limits_{x \to 0} \dfrac{x - x\cos x}{x - \sin x}$；　　(8) $\lim\limits_{x \to +\infty} x \left(\dfrac{\pi}{2} - \arctan x \right)$；　　(9) $\lim\limits_{x \to 1} \left(\dfrac{2}{x^2 - 1} - \dfrac{1}{x-1} \right)$.

14. 求下列函数的单调区间及极值

(1) $y = x^3 - 3x^2 + 7$；　　　　　　(2) $y = x^3 - 3x^2 - 9x + 5$；

(3) $y = x - \ln(1+x)$；　　　　　　(4) $y = x - e^x$.

四、应用题

1. 石头落在平静水面上水面产生同心波纹. 若最外一圈波半径的增大率总是 6 cm/s，问在 2 s 末扰动水面面积的增大率是多少？

2. 以直的河岸为一边，用石条岩围出一矩形场地用于绿化环境，现有 36 m 长的石条沿，问能围出最大场地的面积是多少？

3. 用一块边长为 60 cm 的正方形铁皮，从四角各剪掉一个面积相等的小正方形，然后将四边折起来做成一个无盖的方盒，问所剪的小正方形边长为多少时方盒的容积最大.

4. 欲围一个面积为 150 m² 的矩形场地，所用材料的造价是正面是每平方米 6 元，其余三面是每平方米 3 元，问怎样设计才能使所用材料最省.

第 2 章参考答案

训练任务 2.1

1. $v = 12$ m/s.

2. (1) $A = -f'(x_0)$；　(2) $A = -f'(x_0)$.

3. $(1)y' = 2^x\ln 2$；　　$(2)y' = (15)^x\ln 15$；　　$(3)y' = \dfrac{1}{x\ln 3}$.

4. 切线：$12x - y - 16 = 0$. 法线：$x + 12y - 98 = 0$.

5. $(4,8)$.

6. $(2,4)$.

训练任务 2.2

1. $(1)y' = 6x + \dfrac{4}{x^3}$；　　　　$(2)y' = 10x + \dfrac{1}{x^2} + 4\cos x$；　　　$(3)y' = 3x^2 - \sin x$；

　$(4)y' = 4x + \dfrac{5}{2}x^{\frac{3}{2}}$；　　$(5)y' = \dfrac{\sin x - x\ln x \cdot \cos x}{x\sin^2 x}$.

2. $(1)y'\Big|_{x=0} = 1, y'\Big|_{x=\frac{\pi}{2}} = -2$；　　$(2)y'\Big|_{x=\frac{\pi}{2}} = \dfrac{1}{\sqrt{2\pi}}$；　　$(3)f'(4) = -\dfrac{1}{18}$.

3. $(1)y' = 8(2x + 5)^3$；　　　　$(2)y' = -\dfrac{x}{\sqrt{a^2 - x^2}}$；　　　　$(3)y' = e^{x+3}$；

　$(4)y' = -\dfrac{1}{1 - x}$；　　　　$(5)y' = 3\sin(4 - 3x)$；　　　$(6)y' = \dfrac{e^x}{1 + e^{2x}}$.

4. $(1)y' = \dfrac{2 + 2\ln x}{x}$；　　　$(2)y' = -e^{-\frac{x}{2}}\left(\dfrac{\cos 3x}{2} + 3\sin 3x\right)$；　　　$(3)y' = \sec x$；

　$(4)y' = \csc x$；　　　　$(5)y' = \dfrac{2x\cos 2x - \sin 2x}{x^2}$；　　　　$(6)y' = \dfrac{1}{2\sqrt{x - x^2}}$.

5. $(1)y' = \dfrac{2\arcsin\frac{x}{2}}{\sqrt{4 - x^2}}$；　　　$(2)y' = \dfrac{\ln x}{x\sqrt{1 + \ln^2 x}}$；　　$(3)y' = \dfrac{e^{\arctan\sqrt{x}}}{2\sqrt{x}(1 + x)}$；

　$(4)y' = \csc x$；　　　　$(5)y' = \dfrac{1}{\sqrt{a^2 + x^2}}$；　　$(6)y' = -\dfrac{1}{(1 + x)\sqrt{2x(1 - x)}}$.

训练任务 2.3

1. $\dfrac{\mathrm{d}y}{\mathrm{d}x} = -\dfrac{x}{y}$.

2. $(1)y' = 1 - \dfrac{y}{x}$；　　　　　$(2)y' = \dfrac{2x}{y}$；　　　　$(3)y' = -\sqrt{\dfrac{y}{x}}$；

　$(4)y' = -\dfrac{e^y}{2y + xe^y}$；　　　$(5)y' = \dfrac{e^{\sin x}\cos x}{2y}$；　　$(6)y' = x\sec\dfrac{y}{x} + \dfrac{y}{x}$.

3. $3x + y - 4 = 0$.

4. 切线方程为 $x + y - \dfrac{\sqrt{2}}{2}a = 0$，法线方程为 $x - y = 0$.

5. $(1)y' = x^{\frac{1}{x}} \cdot \dfrac{1 - \ln x}{x^2}$；　　　$(2)y' = x^x(1 + \ln x)$；

　$(3)y' = (x + 1)(x - 2)(x + 3)(x - 4)\left(\dfrac{1}{x + 1} + \dfrac{1}{x - 2} + \dfrac{1}{x + 3} + \dfrac{1}{x - 4}\right)$；

　$(4)y' = \dfrac{\sqrt{x + 2}(3 - x)^4}{(x + 1)^5}\left[\dfrac{1}{2(x + 2)} - \dfrac{4}{3 - x} - \dfrac{5}{x + 1}\right]$.

6. （1）$\dfrac{\mathrm{d}y}{\mathrm{d}x}=\dfrac{\ln t+1}{2t}$；　　　　　（2）$\dfrac{\mathrm{d}y}{\mathrm{d}x}=-2t$；

（3）切线方程为 $4x+3y-12a=0$，法线方程为 $3x-4y+6a=0$．

训练任务 2.4

1. 约 $0.13\ \mathrm{cm^2/s}$．

2. $10\ \mathrm{cm^3/h}$．

3. $100\ \mathrm{rad/h}$．

4. 水以速率 $\dfrac{3}{\pi r^2}\ \mathrm{m/min}$ 下降.

5. $\dfrac{16}{25\pi}\approx 0.204\ \mathrm{m/min}$．

6. $0.64\ \mathrm{cm/min}$．

训练任务 2.5

1. （1）$y''=-\sin x$；　　（2）$y''=-\dfrac{4}{(2x+1)^2}$；　　（3）$y''=2\mathrm{e}^{x^2}+4x^2\mathrm{e}^{x^2}$．

2. $y'''=0$．

3. $y'''=\dfrac{2}{x^3}$．

4. $y^{(4)}=0$．

5. $y^{(n)}=a^n\mathrm{e}^{ax}$．

训练任务 2.6

1. $\left.\mathrm{d}y\right|_{\substack{x=0\\\Delta x=0.01}}=\dfrac{\mathrm{e}}{100}$．

2. （1）$\mathrm{d}y=\left(-\dfrac{1}{x^2}+\dfrac{1}{\sqrt{x}}\right)\mathrm{d}x$．；　　　　（2）$\mathrm{d}y=-\mathrm{e}^{\cot x}\cdot\csc^2 x\mathrm{d}x$；

（3）$\mathrm{d}y=\dfrac{-5x}{\sqrt{2-5x^2}}\mathrm{d}x$；　　　　（4）$\mathrm{d}y=\dfrac{3x^2}{2(x^3-1)}\mathrm{d}x$．

3. （1）3；　　　　（2）$a\cos at$；　　　（3）$-\dfrac{1}{(1+x)^2}$；　　　（4）$\dfrac{1}{1+x}$；

（5）$2\mathrm{e}^{2x}$；　　　　（6）$\mathrm{e}^{x^2}+C$；　　　（7）$\ln|1+x|+C$；

（8）$-\dfrac{1}{2}\mathrm{e}^{-2x}+C$；（9）$2\sqrt{x}+C$；　　　（10）$\dfrac{1}{3}\tan 3x+C$．

4. $(x+1)\ln(x+11)+C$　（C 为任意常数）．

训练任务 2.7

1. （1）2；　（2）1；　（3）∞；　（4）$-\dfrac{3}{5}$；　（5）$\dfrac{a}{b}$；　（6）$\dfrac{3}{2}$．

2. （1）0；　（2）0；　（3）0；　（4）1．

3. （1）$\dfrac{1}{2}$；　（2）0．

4. （1）$\dfrac{1}{2}$；　（2）∞．

5. (1)1；　(2)1.

训练任务 2.8

1. (1)单调减区间$(-\infty,-1)$,单调增区间$(-1,+\infty)$;

 (2)单调减区间$(-\infty,-1)\cup(0,1)$,单调增区间$(-1,0)\cup(1,+\infty)$;

 (3)单调减区间$(-2,-1)\cup(-1,0)$,单调增区间$(-\infty,-2)\cup(0,+\infty)$;

 (4)单调减区间$\left(0,\dfrac{1}{2}\right)$,单调增区间$\left(\dfrac{1}{2},+\infty\right)$;

 (5)单调减区间$(-\infty,+\infty)$;

 (6)单调增区间$(-\infty,+\infty)$;

 (7)单调减区间$(-1,0)$,单调增区间$(0,+\infty)$;

 (8)单调减区间$(-2,-1)$,单调增区间$(-\infty,2)\cup(-1,+\infty)$.

2. 极大值$f(1)=2$,极小值$f(2)=1$.

3. (1)极大值$f\left(\dfrac{1}{2}\right)=\dfrac{9}{4}$;　　(2)极小值$f\left(\mathrm{e}^{-\frac{1}{2}}\right)=-\dfrac{1}{2\mathrm{e}}$.

4. (1)极大值$f\left(\dfrac{\pi}{4}\right)=\sqrt{2}$;　　(2)极大值$f\left(\dfrac{\pi}{4}\right)=\dfrac{\sqrt{2}}{2}\mathrm{e}^{\frac{\pi}{4}}$,极小值$f\left(\dfrac{5\pi}{4}\right)=-\dfrac{\sqrt{2}}{2}\mathrm{e}^{\frac{5\pi}{4}}$.

5. (1)$y(0)=7$为极大值,$y(2)=3$为极小值.　　(2)$y\left(\dfrac{1}{2}\right)=\dfrac{3}{2}$为极大值.

6. 当$x=3$时,$y=-32$为极小值;当$x=-1$时,$y=0$为极大值.

训练任务 2.9

1. (1)在区间$[0,4]$上最小值为0,最大值为6;

 (2)在区间$[-1,2]$上最小值为0,最大值为$\ln 5$;

 (3)最大值$f\left(\dfrac{3}{4}\right)=\dfrac{5}{4}$,最小值$f(-3)=-1$;

 (4)最大值$f(1)=\dfrac{1}{2}$,最小值$f(0)=0$.

2. 函数的最大值为$f(0)=2$.

3. 长为 10 m,宽为 5 m.

4. 每日来回 12 次,每次拖 6 只小船能使运货总量达到最大.

5. 当高与底面直径相等时,表面积最小.

6. 当长为 18 m,宽为 9 m 时,所围成矩形场地最大面积为 162 m².

7. 当小正方形的边长为 10 cm 时,方盒的容积最大.

能力训练项目

一、单项选择题

1. C.　　2. A.　　3. C.　　4. A.　　5. B.　　6. B.

7. C.　　8. B.　　9. A.　　10. C.　　11. B.　　12. D.

13. D.　　14. D.　　15. A.　　16. A.　　17. D.　　18. A.

19. B.　　20. C.　　21. C.　　22. B.　　23. C.　　24. A.

二、填空题

1. 3.　　2. $2f'(x_0)$.　　3. $\theta'(t_0)$.　　4. $\dfrac{3}{2}$.　　5. $2\mathrm{e}$.　　6. $(1,1)$.

7. $-e^{-x}\cos e^{-x}$.　　8. $3^{\sin x}\ln 3 \cdot \cos x$.　　9. $\dfrac{(x-1)(x^2+2)}{x^2-9}\left(\dfrac{1}{x-1}+\dfrac{2x}{x^2+2}-\dfrac{2x}{x^2-9}\right)$.

10. $-\dfrac{2\ln x}{x^2}$.　　11. $0.1;0.11$.　　12. $(\Delta x)^2$.　　13. $\dfrac{e^x}{2\sqrt{1+e^x}}dx$.　　14. $(6x^2+1)dx$.

15. $\dfrac{2x}{x^2-1}dx$.　　16. $2xf'(x^2)dx$.　　17. $(2+x)e^x$.　　18. $\dfrac{e^y}{1-xe^y}$.　　19. $(-1,1)$.

20. $(-\infty,-1)\cup\left(-\dfrac{1}{3},+\infty\right)$.　　21. $(-\infty,-1)\cup(1,+\infty)$.　　22. 0.

23. -15.　　24. 20.　　25. $f(1)=1$.

三、计算题

1. 连续并且可导.　　2. $y'=2x\sin\dfrac{1}{x}-\cos\dfrac{1}{x}, dy=\left(2x\sin\dfrac{1}{x}-\cos\dfrac{1}{x}\right)dx$.

3. $y'=6\sin^2(2x+1)\cos(2x+1)$.　　　　4. $y'=2^{\sin2x}\cdot\ln 2\cdot\sin 2x$.

5. $y'=-2(x-1)e^{-x^2+2x-1}$.　　　　6. $y'=\dfrac{1}{\sin x}, y'\Big|_{x=\frac{\pi}{2}}=1$.

7. $\dfrac{dy}{dx}=\dfrac{2t}{1-t^2}$.　　　　　　8. $\dfrac{dy}{dx}=\dfrac{1-2x+y}{2y-x}$.

9. $\dfrac{dy}{dx}=\dfrac{y-e^{x+y}}{e^{x+y}-x}$.　　　　　　10. $\dfrac{dy}{dx}=\dfrac{e^x-y}{e^y+x}$.

11. $\dfrac{dy}{dx}=\dfrac{ye^y}{1-xye^y}$.　　　　　　12. $dy=-\dfrac{e^{-x}+y}{x+e^y}dx$.

13. $(1)\dfrac{1}{2}$;　　$(2)1$;　　$(3)2$;　　$(4)\dfrac{1}{2}$;　　$(5)0$;　　$(6)1$;　　$(7)3$;

$(8)1$;　　$(9)-\dfrac{1}{2}$.

14. (1)单调增加区间$(-\infty,0)$及$(2,+\infty)$,单调减少区间$(0,2)$,极大值为$f(0)=7$,极小值为$f(2)=3$;

(2)单调增加区间$(-\infty,-1)$及$(3,+\infty)$,单调减少区间$(-1,3)$,极大值为$f(-1)=10$,极小值为$f(3)=-22$;

(3)单调增加区间$(0,+\infty)$,单调减少区间$(-1,0)$,极小值为$f(0)=0$;

(4)单调增加区间$(-\infty,0)$,单调减少区间$(0,+\infty)$,极大值为$f(0)=-1$.

四、应用题

1. $144\pi\ \text{cm}^2/\text{s}$.

2. 长为 18 m,宽为 9 m 时,所围矩形场地的面积最大为 162 m^2.

3. 边长为 10 cm 时方盒的容积最大.

4. 正面 10 m,侧面 15 m 才能使所用材料最省(四面围墙高一样,均为 h).

第3章　一元函数积分学及应用

本章将学习一元函数积分学及其应用,包括不定积分和定积分的概念、几何意义、计算,广义积分的概念、计算,本章要求理解并掌握一元函数积分学在几何应用等方面知识.

3.1　不定积分的概念

在微分学中,重点讨论了求已知函数的导数(或微分)的问题;也简单介绍了已知一个函数的导数(或微分),求出这个函数的问题. 在实际问题中,常会遇到已知一个函数的导数(或微分)来求出这个函数的问题,这是积分学重点讨论的问题. 这种由函数的导数(或微分)求原来的函数的问题是积分学的一个基本问题——**不定积分**.

3.1.1　原函数的概念

定义1　已知函数 $f(x)$ 在某区间上有定义,如果存在函数 $F(x)$,使得在该区间的任意一点处都有关系式 $F'(x) = f(x)$ 或 $\mathrm{d}F(x) = f(x)\mathrm{d}x$ 成立,则称函数 $F(x)$ 是函数 $f(x)$ 在该区间上的一个**原函数**.

例如,因为 $(\sin x)' = \cos x$,所以 $\sin x$ 是 $\cos x$ 的一个原函数(往往省略区间);因为 $\left(\dfrac{1}{3}x^3\right)' = x^2$,所以 $\dfrac{1}{3}x^3$ 是 x^2 的一个原函数.

由 $[F(x) + C]' = F'(x)$ 知,若 $F(x)$ 是 $f(x)$ 的一个原函数,则 $F(x) + C$ 也是 $f(x)$ 的原函数.

若 $G(x)$ 是 $f(x)$ 的任意一个原函数,则 $G'(x) = F'(x)$,即 $[G(x) - F(x)]' = 0$. 知 $G(x) - F(x) = C$,得 $G(x) = F(x) + C$,说明 $f(x)$ 的任何一个原函数都可表示为 $F(x) + C$ 的形式. 故有下面的原函数族定理.

定理1(原函数族定理)　如果 $F(x)$ 是 $f(x)$ 的一个原函数,则 $F(x) + C$(C 为任意常数)也为 $f(x)$ 的原函数,并且 $f(x)$ 的所有原函数都可表示为 $F(x) + C$ 的形式.

3.1.2　不定积分

定义2　$F(x)$ 是 $f(x)$ 的一个原函数,函数 $f(x)$ 的所有原函数称为 $f(x)$ 的**不定积分**,记作 $\displaystyle\int f(x)\mathrm{d}x$,即 $\displaystyle\int f(x)\mathrm{d}x = F(x) + C$,其中"$\displaystyle\int$"称为**积分号**,$x$ 称为**积分变量**,$f(x)$ 称为**被积函数**,$f(x)\mathrm{d}x$ 称为**被积表达式**,任意常数 C 称为**积分常数**.

例1　求下列不定积分:

(1) $\displaystyle\int \cos x\mathrm{d}x$;　　(2) $\displaystyle\int \dfrac{1}{1 + x^2}\mathrm{d}x$;　　(3) $\displaystyle\int \dfrac{1}{x}\mathrm{d}x$.

解　(1)因为 $(\sin x)' = \cos x$,所以 $\displaystyle\int \cos x\mathrm{d}x = \sin x + C$.

(2)因为 $(\arctan x)' = \dfrac{1}{1 + x^2}$,所以 $\displaystyle\int \dfrac{1}{1 + x^2}\mathrm{d}x = \arctan x + C$.

(3)因为 $x > 0$ 时，$(\ln x)' = \dfrac{1}{x}$，$x < 0$ 时，$[\ln(-x)]' = \dfrac{(-x)'}{-x} = \dfrac{1}{x}$，所以 $(\ln|x|)' = \dfrac{1}{x}$，故 $\displaystyle\int \frac{1}{x}\mathrm{d}x = \ln|x| + C$.

由此可见，求不定积分的运算(积分法)与求导数的运算(微分法)互为逆运算，它们的关系如下：

(1) $\left[\displaystyle\int f(x)\mathrm{d}x\right]' = f(x)$ 或 $\mathrm{d}\displaystyle\int f(x)\mathrm{d}x = f(x)\mathrm{d}x$ (先积后微，二者运算相互抵消)；

(2) $\displaystyle\int f'(x)\mathrm{d}x = f(x) + C$ 或 $\displaystyle\int \mathrm{d}f(x) = f(x) + C$ (先微后积，二者运算相互抵消后有一个任意常数的差异).

例 2 求 $\displaystyle\int \cos x\mathrm{d}x$ 的导数.

解 由积分与微分的关系知：$\left(\displaystyle\int \cos x\mathrm{d}x\right)' = \cos x$.

例 3 求 $\mathrm{d}\displaystyle\int \dfrac{1}{1 + x^2}\mathrm{d}x$ 的微分.

解 由积分与微分的关系知：$\mathrm{d}\displaystyle\int \dfrac{1}{1 + x^2}\mathrm{d}x = \dfrac{1}{1 + x^2}\mathrm{d}x$.

例 4 求不定积分 $\displaystyle\int (\cos x)'\mathrm{d}x$.

解 由积分与微分的关系知：$\displaystyle\int (\cos x)'\mathrm{d}x = \cos x + C$.

例 5 求不定积分 $\displaystyle\int \mathrm{d}\dfrac{1}{1 + x^2}$.

解 由积分与微分的关系知：$\displaystyle\int \mathrm{d}\dfrac{1}{1 + x^2} = \dfrac{1}{1 + x^2} + C$.

例 2 至例 5 都是积分与微分的关系题，无须计算，从而体会出积分与微分的关系. 此类题看似简单，可是往往不易掌握，学生需用心体会积分与微分的关系，下面再举一个例子.

例 6 求 $\mathrm{d}\displaystyle\int \mathrm{e}^{-x^2}\mathrm{d}x$.

解 由积分与微分的关系知：$\mathrm{d}\displaystyle\int \mathrm{e}^{-x^2}\mathrm{d}x = \mathrm{e}^{-x^2}\mathrm{d}x$.

3.1.3 不定积分的几何意义

若 $F(x)$ 是 $f(x)$ 的一个原函数，则称曲线 $y = F(x)$ 为 $f(x)$ 的一条**积分曲线**.

从几何上看，不定积分 $\displaystyle\int f(x)\mathrm{d}x = F(x) + C$ 是一族积分曲线，简称为 $f(x)$ 的**积分曲线族**. 它们的图形都可由曲线 $y = F(x)$ 沿 y 轴上下平移而得，且在相同的横坐标 x_0 处，各条曲线的切线互相平行，如图 3-1 所示.

例 7 求过 $(1,2)$ 点，且其切线斜率为 $2x$ 的曲线方程.

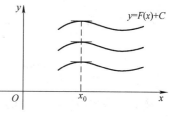

图 3-1

解 由 $y' = 2x$ 知 $y = \int 2x\mathrm{d}x = x^2 + C$，故得 $2x$ 的积分曲线族 $y = x^2 + C$，

将 $x = 1, y = 2$ 代入 $y = x^2 + C$ 得 $C = 1$，于是 $y = x^2 + 1$ 即为所求曲线方程.

训练任务 3.1

1. 求下列不定积分：

(1) $\int x^2\mathrm{d}x$；   (2) $\int \dfrac{1}{x}\mathrm{d}x$；   (3) $\int 2^x\mathrm{d}x$；   (4) $\int \mathrm{e}^x\mathrm{d}x$.

2. 求 $\int \sin x\mathrm{d}x$ 的导数.

3. 求 $\int \dfrac{1}{1-x^2}\mathrm{d}x$ 的微分.

4. 求不定积分 $\int (\sin x)'\mathrm{d}x$.

5. 求不定积分 $\int \mathrm{d}\dfrac{1}{1-x^2}$.

6. 已知曲线 $y = f(x)$ 在任一点 $x(x > 0)$ 处的切线斜率为 $\dfrac{1}{\sqrt{x}} + 1$，试求过点 $(1,5)$ 的曲线

方程.

7. 试写出 $\dfrac{1}{2}x^2$ 是 x 的一个原函数的其他 3 种等价说法.

3.2 直接积分法

3.2.1 不定积分的基本公式

前面已经讲过，求不定积分与求导（求微分）是"互逆的运算". 因此有一个导数公式，就有一个不定积分公式. 为了便于记忆，现将积分基本公式如下列出（其中 C 为积分常数）.

(1) $\int 0\mathrm{d}x = C$；

(2) $\int x^\alpha\mathrm{d}x = \dfrac{x^{\alpha+1}}{\alpha+1} + C$ $(\alpha \neq -1)$；

(3) $\int \dfrac{1}{x}\mathrm{d}x = \ln|x| + C$；

(4) $\int a^x\mathrm{d}x = \dfrac{a^x}{\ln a} + C$；

(5) $\int \mathrm{e}^x\mathrm{d}x = \mathrm{e}^x + C$；

(6) $\int \sin x\mathrm{d}x = -\cos x + C$；

(7) $\int \cos x\mathrm{d}x = \sin x + C$；

(8) $\int \sec^2 x\mathrm{d}x = \tan x + C$；

(9) $\int \csc^2 x\mathrm{d}x = -\cot x + C$；

(10) $\int \sec x \cdot \tan x\mathrm{d}x = \sec x + C$；

(11) $\int \csc x \cdot \cot x\mathrm{d}x = -\csc x + C$；

(12) $\int \dfrac{\mathrm{d}x}{\sqrt{1-x^2}} = \arcsin x + C$；

(13) $\int \dfrac{\mathrm{d}x}{1+x^2} = \arctan x + C$.

注意 公式(2)当 $\alpha = 0$ 时的特殊情形有 $\int 1\mathrm{d}x = \int \mathrm{d}x = x + C$.

公式(12)也可以写成 $\int \dfrac{\mathrm{d}x}{\sqrt{1-x^2}} = -\arccos x + C$.

公式(13)也可以写成 $\int \dfrac{\mathrm{d}x}{1+x^2} = -\operatorname{arccot} x + C$.

积分的基本公式是求不定积分最基本的公式,必须记住,并学会熟练运用它们去求一些简单的不定积分.

例1 求下列不定积分:

(1) $\displaystyle\int x^3 \mathrm{d}x$;　　(2) $\displaystyle\int \sqrt{x}\,\mathrm{d}x$;　　(3) $\displaystyle\int \sin u\,\mathrm{d}u$.

解 (1) $\displaystyle\int x^3 \mathrm{d}x = \dfrac{1}{3+1}x^{3+1} + C = \dfrac{1}{4}x^4 + C$.

(2) $\displaystyle\int \sqrt{x}\,\mathrm{d}x = \int x^{\frac{1}{2}}\mathrm{d}x = \dfrac{1}{\frac{1}{2}+1}x^{\frac{1}{2}+1} + C = \dfrac{2}{3}x^{\frac{3}{2}} + C = \dfrac{2}{3}\sqrt{x^3} + C = \dfrac{2}{3}\cdot x\sqrt{x} + C$.

(3) $\displaystyle\int \sin u\,\mathrm{d}u = -\cos u + C$.

需要说明的是,基本公式是以 x 为积分变量的,将基本公式中的变量 x 换成其他的变量,公式亦成立. 例如,例1的(3)中将 x 换成 u 就是基于此,此乃积分基本公式的实质.

3.2.2　不定积分的性质

由导数运算法则和不定积分的定义,可以得到以下不定积分的运算性质.

性质1 两个函数之和(差)的不定积分,等于它们的不定积分之和(差),即

$$\int [f(x) \pm g(x)]\mathrm{d}x = \int f(x)\mathrm{d}x \pm \int g(x)\mathrm{d}x.$$

性质1对于任意有限个函数也是成立的.

性质2 被积函数中的常数因子可以移到积分号外面,即

$$\int kf(x)\mathrm{d}x = k\int f(x)\mathrm{d}x \quad (k \text{ 为非零常数}).$$

特别地,

$$\int [-f(x)]\mathrm{d}x = -\int f(x)\mathrm{d}x.$$

3.2.3　直接积分法

求已知函数的原函数的方法称为**积分法**.

用不定积分的性质和基本积分公式求积分的方法称为**直接积分法**.

直接应用不定积分的性质和基本积分公式求积分是最简单的直接积分法,请见下面的例题.

例2 求 $\displaystyle\int \left(x^2 - \dfrac{2}{x^3}\right)\mathrm{d}x$.

解
$$\int \left(x^2 - \dfrac{2}{x^3}\right)\mathrm{d}x = \int x^2 \mathrm{d}x - \int \dfrac{2}{x^3}\mathrm{d}x = \int x^2 \mathrm{d}x - 2\int x^{-3}\mathrm{d}x$$
$$= \dfrac{1}{3}x^3 - 2\left(-\dfrac{1}{2}x^{-2}\right) + C = \dfrac{1}{3}x^3 + \dfrac{1}{x^2} + C.$$

被积函数只需经过简单的恒等变形(包括代数和三角的恒等变形)后,间接应用不定积分的性质和基本积分公式求积分是较复杂的直接积分法,请见下面的例题.

例3 求 $\displaystyle\int \left(1 - \sqrt[3]{x^2}\right)^2 \mathrm{d}x$.

解　$\int \left(1 - \sqrt[3]{x^2}\right)^2 \mathrm{d}x = \int \left(1 - 2x^{\frac{2}{3}} + x^{\frac{4}{3}}\right)\mathrm{d}x = \int \mathrm{d}x - 2\int x^{\frac{2}{3}}\mathrm{d}x + \int x^{\frac{4}{3}}\mathrm{d}x$

$$= x - 2 \cdot \frac{1}{\frac{2}{3} + 1}x^{\frac{2}{3}+1} + \frac{1}{\frac{4}{3} + 1}x^{\frac{4}{3}+1} + C = x - \frac{6}{5}x^{\frac{5}{3}} + \frac{3}{7}x^{\frac{7}{3}} + C$$

$$= x - \frac{6}{5}x \cdot \sqrt[3]{x^2} + \frac{3}{7}x^2 \cdot \sqrt[3]{x} + C.$$

例4　求 $\int \mathrm{e}^x(3 + 2^x)\mathrm{d}x$.

解　$\int \mathrm{e}^x(3 + 2^x)\mathrm{d}x = 3\int \mathrm{e}^x\mathrm{d}x + \int (2\mathrm{e})^x\mathrm{d}x = 3\mathrm{e}^x + \frac{(2\mathrm{e})^x}{\ln 2\mathrm{e}} + C = 3\mathrm{e}^x + \frac{2^x\mathrm{e}^x}{1 + \ln 2} + C$.

例5　求 $\int \left(\frac{x - 1}{x} + \sin x\right)\mathrm{d}x$.

解　$\int \left(\frac{x - 1}{x} + \sin x\right)\mathrm{d}x = \int \left(1 - \frac{1}{x} + \sin x\right)\mathrm{d}x$

$$= \int \mathrm{d}x - \int \frac{1}{x}\mathrm{d}x + \int \sin x\mathrm{d}x = x - \ln |x| - \cos x + C.$$

例6　求 $\int \frac{1}{\sin^2 x \cos^2 x}\mathrm{d}x$.

解　$\int \frac{1}{\sin^2 x \cos^2 x}\mathrm{d}x = \int \frac{\sin^2 x + \cos^2 x}{\sin^2 x \cos^2 x}\mathrm{d}x = \int \frac{1}{\cos^2 x}\mathrm{d}x + \int \frac{1}{\sin^2 x}\mathrm{d}x$

$$= \int \sec^2 x\mathrm{d}x + \int \csc^2 x\mathrm{d}x = \tan x - \cot x + C.$$

例7　求 $\int \frac{x^4}{x^2 + 1}\mathrm{d}x$.

解　$\int \frac{x^4}{x^2 + 1}\mathrm{d}x = \int \frac{(x^4 - 1) + 1}{x^2 + 1}\mathrm{d}x = \int (x^2 - 1)\mathrm{d}x + \int \frac{1}{x^2 + 1}\mathrm{d}x$

$$= \frac{x^3}{3} - x + \arctan x + C.$$

例8　求 $\int \left(\frac{1}{\cos^2 x} + 1\right)\mathrm{d}\cos x$.

解　因为 $\int \left(\frac{1}{x^2} + 1\right)\mathrm{d}x = \int \frac{1}{x^2}\mathrm{d}x + \int \mathrm{d}x = -\frac{1}{x} + x + C$，所以 $\int \left(\frac{1}{u^2} + 1\right)\mathrm{d}u = \int \frac{1}{u^2}\mathrm{d}u +$

$\int \mathrm{d}u = -\frac{1}{u} + u + C$ ，取 $u = \cos x$，得

$$\int \left(\frac{1}{\cos^2 x} + 1\right)\mathrm{d}\cos x = \int \frac{1}{\cos^2 x}\mathrm{d}\cos x + \int \mathrm{d}\cos x = -\frac{1}{\cos x} + \cos x + C.$$

在积分基本公式的实质中，若 $u = \varphi(x)$ ，则 $\int f[\varphi(x)]\mathrm{d}\varphi(x) = F[\varphi(x)] + C$.

揭示积分基本公式实质的意义有三：一是强化了积分基本公式；二是活用了复合函数的微分法则；三是容易接受将在 3.3 节介绍的第一换元积分法（又叫凑微分法），即

$$\int f[\varphi(x)]\varphi'(x)\mathrm{d}x \quad (体现换元：令 u = \varphi(x)，则 \varphi'(x)\mathrm{d}x = \mathrm{d}u)$$

$$= \int f(u)\,\mathrm{d}u = F(u) + C \quad (\text{回代 } u = \varphi(x))$$

$$= F[\varphi(x)] + C.$$

或 $\displaystyle\int f[\varphi(x)]\varphi'(x)\,\mathrm{d}x = \int f[\varphi(x)]\,\mathrm{d}\varphi(x)$ （体现凑微分：把 $\varphi'(x)\mathrm{d}x$ 凑成 $\mathrm{d}\varphi(x)$）

$$= \int f(u)\,\mathrm{d}u = F(u) + C \quad (\text{熟练以后,通常不引入 } u)$$

$$= F[\varphi(x)] + C.$$

训练任务 3.2

1. 求下列不定积分：

(1) $\displaystyle\int \left(x + \frac{2}{x^2} \right)\mathrm{d}x$；

(2) $\displaystyle\int \left(\sqrt{x^3} + \frac{4}{x} + \frac{1}{x^4} \right)\mathrm{d}x$；

(3) $\displaystyle\int \left(4x^{\frac{3}{2}} + x^{\frac{1}{2}} \right)\mathrm{d}x$；

(4) $\displaystyle\int \left(2^x - \frac{1}{x} \right)\mathrm{d}x$；

(5) $\displaystyle\int x\left(1 - \frac{1}{x} \right)^2\mathrm{d}x$；

(6) $\displaystyle\int \sqrt{x\sqrt{x}}\,\mathrm{d}x$；

(7) $\displaystyle\int (x+3)(x^2-3)\,\mathrm{d}x$；

(8) $\displaystyle\int \frac{\sqrt{x}(x-3)}{x}\,\mathrm{d}x$；

(9) $\displaystyle\int \frac{x^2+2x+1}{x^4}\,\mathrm{d}x$；

(10) $\displaystyle\int \frac{x^2-4}{x+2}\,\mathrm{d}x$；

(11) $\displaystyle\int \mathrm{e}^x(3^x-2)\,\mathrm{d}x$；

(12) $\displaystyle\int (a^x + a^6)\,\mathrm{d}x \quad (a>0, a\neq 1, a \text{ 为常数})$；

(13) $\displaystyle\int \sin^2\frac{x}{2}\,\mathrm{d}x$；

(14) $\displaystyle\int \cos^2\frac{x}{2}\,\mathrm{d}x$.

2. 求一个函数 $f(x)$，满足条件 $f'(x) = 3^x + 1$ 且 $f(0) = 2$.

3. 设曲线在任一点 $x(x>0)$ 处的切线斜率为 $\frac{1}{\sqrt{x}} + 3$，且过 $(1,5)$ 点，试求该曲线方程.

4. 求 $\displaystyle\int \left(\frac{1}{\sin^2 x} + 1 \right)\mathrm{d}\sin x$.

3.3 不定积分的换元积分法与分部积分法

3.3.1 换元积分法

1. 第一换元积分法（凑微分法）

由上节知,有些不定积分可以通过简单运算并利用不定积分的性质,化为可利用积分基本公式计算的不定积分,但对于形式同样简单的不定积分 $\displaystyle\int \mathrm{e}^{2x}\mathrm{d}x$ 却不能直接用积分基本公式 $\displaystyle\int \mathrm{e}^x\mathrm{d}x = \mathrm{e}^x + C$ 来计算.

为了套用积分基本公式 $\displaystyle\int \mathrm{e}^x\mathrm{d}x = \mathrm{e}^x + C$ 来计算积分 $\displaystyle\int \mathrm{e}^{2x}\mathrm{d}x$，会注意到 $\displaystyle\int \mathrm{e}^u\mathrm{d}u = \mathrm{e}^u + C$ （积分基本公式的实质）,此时令 $u = 2x$，则 $\displaystyle\int \mathrm{e}^{2x}\mathrm{d}(2x) = \mathrm{e}^{2x} + C$，得 $\displaystyle 2\int \mathrm{e}^{2x}\mathrm{d}x = \mathrm{e}^{2x} + C$，故

$$\int e^{2x} dx = \frac{1}{2} e^{2x} + C.$$

比较 $\int e^{2x} dx$ 与 $\int e^{2x} d(2x)$，可以发现：前者 e^{2x}（被积函数是指数函数型）中的指数 $2x$ 与微分 dx 中的 x 不统一，不能直接用积分基本公式 $\int e^x dx = e^x + C$ 来计算；后者 e^{2x} 中的指数 $2x$ 与微分 $d(2x)$ 中的 $2x$ 是统一的，故可直接利用积分基本公式 $\int e^u du = e^u + C$（$2x = u$，被积函数是指数函数）计算.

套用积分基本公式 $\int e^x dx = e^x + C$ 来计算积分 $\int e^{2x} dx$，通常采用如下两种解法.

解法 1（换元法） 令 $2x = u$，则 $dx = \frac{1}{2} du$，

$$\int e^{2x} dx = \frac{1}{2} \int e^u du = \frac{1}{2} e^u + C \quad （回代\ u = 2x）$$

$$= \frac{1}{2} e^{2x} + C.$$

解法 2（凑微分法：将微分 dx 凑成 $\frac{1}{2} d(2x)$）

$$\int e^{2x} dx = \int e^{2x} \cdot \frac{1}{2} d(2x) = \frac{1}{2} \int e^{2x} d(2x) = \frac{1}{2} \int e^u du = \frac{1}{2} e^u + C = \frac{1}{2} e^{2x} + C.$$

综合以上两种解法会发现，解法 1 比解法 2 易接受，而解法 2 比解法 1 写法上简单（熟练以后，通常不引入 u）. 以后一般用解法 2 解题.

还可以验证计算的结果是否正确. 因为 $\left(\frac{1}{2} e^{2x} + C \right)' = e^{2x}$，所以上述计算的结果正确.

需要说明的是，虽然不定积分 $\int e^{2x} dx$ 不能直接用积分基本公式 $\int e^x dx = e^x + C$ 来计算，但可直接用积分基本公式 $\int a^x dx = \frac{a^x}{\ln a} + C$ 来计算，即

$$\int e^{2x} dx = \int (e^2)^x dx = \frac{(e^2)^x}{\ln e^2} + C = \frac{1}{2} e^{2x} + C.$$

这再一次说明上述计算的结果正确.

类似地，套用积分基本公式 $\int x^{10} dx = \frac{1}{11} x^{11} + C$ 来计算积分 $\int (2x+1)^{10} dx$（被积函数是幂函数型）.

解法 1（换元法） 令 $u = 2x+1$，则 $dx = \frac{1}{2} du$，

$$\int (2x+1)^{10} dx = \frac{1}{2} \int u^{10} du = \frac{1}{2} \cdot \frac{1}{11} u^{11} + C \quad （回代\ u = 2x+1）$$

$$= \frac{1}{22} (2x+1)^{11} + C.$$

解法 2（凑微分法：将微分 dx 凑成 $\frac{1}{2} d(2x+1)$）

$$\int (2x+1)^{10}dx = \int (2x+1)^{10}\frac{1}{2}d(2x+1) = \frac{1}{2}\int (2x+1)^{10}d(2x+1)$$

$$= \frac{1}{22}(2x+1)^{11} + C.$$

由此可知,当套用积分基本公式 $\int f(x)dx = F(x) + C$ 来计算积分 $\int f[\varphi(x)]\varphi'(x)dx$ 时,两种解法都要用到积分基本公式的实质 $\int f(u)du = F(u) + C$.

解法1(换元法) 令 $u = \varphi(x)$,则 $\varphi'(x)dx = du$,

$$\int f[\varphi(x)]\varphi'(x)dx = \int f(u)du = F(u) + C \quad (\text{回代 } u = \varphi(x))$$

$$= F[\varphi(x)] + C.$$

解法2(凑微分法:将 $\varphi'(x)dx$ 凑成 $d\varphi(x)$,$u = \varphi(x)$)

$$\int f[\varphi(x)]\varphi'(x)dx = \int f[\varphi(x)]d\varphi(x) = F[\varphi(x)] + C.$$

一般地,凑微分法关键是将原积分 $\int f[\varphi(x)]\varphi'(x)dx$ 中的 $\varphi'(x)dx$ 凑成 $d\varphi(x)$,因为 $u = \varphi(x)$,所以凑微分法实际是换元法,亦称为第一换元积分法,即若 $\int f(u)du = F(u) + C$,则 $\int f[\varphi(x)]\varphi'(x)dx$ 可积,且

$$\int f[\varphi(x)]\varphi'(x)dx = \int f[\varphi(x)]d\varphi(x) = \int f(u)du = F(u) + C = F[\varphi(x)] + C.$$

在凑微分法中(熟练以后,通常不引入 u),$\varphi(x)$ 是凑出来的,依 $\varphi(x)$ 的形式不同,而分别称为凑线性、凑幂、凑指、凑对、凑三角、凑反三角,即凑微分法有6种类型,亦即凑微分法不是凑线性就是凑5种基本初等函数.

凑线性用到 $d(u+c) = du$ 与 $d(c \cdot u) = cdu$,而凑5种基本初等函数用到积分基本公式,即用凑微分法求不定积分时经常用到如下凑微分公式(a,b 均为常数且 $a \neq 0$).

(1)凑线性:
$$dx = \frac{1}{a}d(ax) = \frac{1}{a}d(ax+b).$$

(2)凑幂:
$$x^{\alpha}dx = \frac{1}{\alpha+1}dx^{\alpha+1} \quad (\alpha \neq -1).$$

特殊地,
$$xdx = \frac{1}{2}dx^2, \quad x^2dx = \frac{1}{3}dx^3, \quad \frac{1}{\sqrt{x}}dx = 2d\sqrt{x}, \quad \frac{1}{x^2}dx = -d\left(\frac{1}{x}\right).$$

(3)凑指:
$$e^x dx = de^x.$$

(4)凑对:
$$\frac{1}{x}dx = d\ln x \quad (x > 0).$$

(5)凑三角:
$$\cos xdx = d\sin x; \quad \sin xdx = -d\cos x.$$

(6)凑反三角:
$$\frac{1}{\sqrt{1-x^2}}dx = d\arcsin x, \quad \frac{1}{1+x^2}dx = d\arctan x.$$

前面提到的 $\int e^{2x}dx$ 和 $\int (2x+1)^{10}dx$ 两个例子均是凑线性的例子,下面是按凑微分法的

6种类型举出的几个实例.

例1 求 $\int \sin 2x \mathrm{d}x$.

解

$$\int \sin 2x \mathrm{d}x = \frac{1}{2}\int (\sin 2x)2\mathrm{d}x = \frac{1}{2}\int \sin 2x \mathrm{d}(2x) \quad (\text{令 } 2x = u)$$

$$= \frac{1}{2}\int \sin u \mathrm{d}u = -\frac{1}{2}\cos u + C \quad (\text{回代 } u = 2x)$$

$$= -\frac{1}{2}\cos 2x + C .$$

例1还是凑线性的实例,需要说明的是,对凑微分法比较熟练以后,可略去中间的换元步骤,请见下面的例子.

例2 求 $\int \frac{1}{x^2 - a^2}\mathrm{d}x$.

解

$$\int \frac{1}{x^2 - a^2}\mathrm{d}x = \int \frac{1}{(x-a)(x+a)}\mathrm{d}x = \int \frac{1}{2a} \cdot \frac{(x+a) - (x-a)}{(x-a)(x+a)}\mathrm{d}x$$

$$= \frac{1}{2a}\left(\int \frac{1}{x-a}\mathrm{d}(x-a) - \int \frac{1}{x+a}\mathrm{d}(x+a)\right) \quad (\text{凑线性})$$

$$= \frac{1}{2a}(\ln|x-a| - \ln|x+a|) + C$$

$$= \frac{1}{2a}\ln\left|\frac{x-a}{x+a}\right| + C .$$

例3 求 $\int x\sqrt{3-x^2}\mathrm{d}x$.

解

$$\int x\sqrt{3-x^2}\mathrm{d}x = \int \sqrt{3-x^2} \cdot x\mathrm{d}x = \frac{1}{2}\int \sqrt{3-x^2}\mathrm{d}x^2 \quad (\text{凑幂})$$

$$= -\frac{1}{2}\int (3-x^2)^{\frac{1}{2}}\mathrm{d}(3-x^2)$$

$$= -\frac{1}{3}(3-x^2)^{\frac{3}{2}} + C .$$

例4 求 $\int \mathrm{e}^x(1+\mathrm{e}^x)^4\mathrm{d}x$.

解

$$\int \mathrm{e}^x(1+\mathrm{e}^x)^4\mathrm{d}x = \int (1+\mathrm{e}^x)^4\mathrm{e}^x\mathrm{d}x = \int (1+\mathrm{e}^x)^4\mathrm{d}\mathrm{e}^x \quad (\text{凑指})$$

$$= \int (1+\mathrm{e}^x)^4\mathrm{d}(1+\mathrm{e}^x)$$

$$= \frac{1}{5}(1+\mathrm{e}^x)^5 + C .$$

例5 求 $\int \frac{\ln x}{x}\mathrm{d}x$.

解

$$\int \frac{\ln x}{x}\mathrm{d}x = \int \ln x \cdot \frac{1}{x}\mathrm{d}x = \int \ln x \mathrm{d}\ln x \quad (\text{凑对})$$

$$= \frac{1}{2}\ln^2 x + C .$$

例6 求 $\int \tan x \mathrm{d}x$.

96

解 $\displaystyle\int \tan x \mathrm{d}x = \int \frac{\sin x}{\cos x}\mathrm{d}x = -\int \frac{1}{\cos x}\mathrm{d}(\cos x)$ （凑三角）

$\qquad\qquad = -\ln|\cos x| + C.$

例7 求 $\displaystyle\int \frac{\arctan x}{1 + x^2}\mathrm{d}x$.

解 $\displaystyle\int \frac{\arctan x}{1 + x^2}\mathrm{d}x = \int \arctan x \cdot \frac{1}{1 + x^2}\mathrm{d}x = \int \arctan x \mathrm{d}\arctan x$ （凑反三角）

$\qquad\qquad = \frac{1}{2}(\arctan x)^2 + C.$

例8 求 $\displaystyle\int \frac{\operatorname{arccot} x}{1 + x^2}\mathrm{d}x$.

解 $\displaystyle\int \frac{\operatorname{arccot} x}{1 + x^2}\mathrm{d}x = \int \operatorname{arccot} x \cdot \frac{1}{1 + x^2}\mathrm{d}x = -\int \operatorname{arccot} x \mathrm{d}\operatorname{arccot} x$ （凑反三角）

$\qquad\qquad = -\frac{1}{2}(\operatorname{arccot} x)^2 + C.$

例9 设 $\displaystyle\int f(x)\mathrm{d}x = x\ln(x+1) + C$ ，求 $\displaystyle\int f(x+1)\mathrm{d}x$.

解 因为 $\displaystyle\int f(x)\mathrm{d}x = x\ln(x+1) + C$ ，所以 $\displaystyle\int f(u)\mathrm{d}u = u\ln(u+1) + C$.

取 $u = x + 1$ ，得 $(x+1)\ln(x+2) + C = \displaystyle\int f(x+1)\mathrm{d}(x+1) = \int f(x+1)\mathrm{d}x$ ，故

$$\int f(x+1)\mathrm{d}x = (x+1)\ln(x+2) + C.$$

虽然在微分学已接触过此题，但为加深理解微积分的计算，在积分学再一次接触此题.

例10 近年来，世界范围内每年的石油消耗率呈指数增长，增长指数大约为 0.07，1970 年初，消耗率大约为每年 161 亿桶. 设 $R(t)$ 表示从 1970 年起第 t 年的石油消耗率，则 $R(t) = 161\mathrm{e}^{0.07t}$ （亿桶/年）. 试用此式估算从 1970 年到 1990 年间石油消耗的总量.

解 设 $T(t)$ 表示从 1970 年起（ $t=0$ ）直到第 t 年的石油消耗总量.

要求从 1970 年到 1990 年间石油消耗的总量，即求 $T(20)$.

由于 $T(t)$ 是石油消耗的总量，所以 $T'(t)$ 就是石油消耗率 $R(t)$ ，即 $T'(t) = R(t)$. 那么 $T(t)$ 就是 $R(t)$ 的一个原函数.

$$T(t) = \int R(t)\mathrm{d}t = \int 161\mathrm{e}^{0.07t}\mathrm{d}t = \frac{161}{0.07}\mathrm{e}^{0.07t} + C = 2\,300\mathrm{e}^{0.07t} + C.$$

由于 $T(0) = 0$ ，所以 $C = -2\,300$ ，因此

$$T(t) = 2\,300(\mathrm{e}^{0.07t} - 1).$$

从 1970 年到 1990 年间石油的消耗总量为

$$T(20) = 2\,300(\mathrm{e}^{0.07\times20} - 1) \approx 7\,027（亿桶）.$$

例11 在三级化学反应中常要计算下列形式的积分. 求

$$\int \frac{\mathrm{d}x}{(x-a)(x-b)(x-c)} \quad （其中 a、b、c 为互异之常数）.$$

解 事实上，设 $\dfrac{1}{(x-a)(x-b)(x-c)} = \dfrac{A}{x-a} + \dfrac{B}{x-b} + \dfrac{D}{x-c}$ ，其中 $A、B、D$ 为待定常数. 两端同时乘以 $(x-a)(x-b)(x-c)$ ，得

$$1 = A(x-b)(x-c) + B(x-a)(x-c) + D(x-a)(x-b).$$

分别令 $x=a, x=b, x=c$, 就得

$$1 = A(a-b)(a-c), \quad 1 = B(b-a)(b-c), \quad 1 = D(c-a)(c-b).$$

由于 a、b、c 互异, 故有 $A = \dfrac{1}{(a-b)(a-c)}, B = \dfrac{1}{(b-a)(b-c)}, D = \dfrac{1}{(c-a)(c-b)}$.

从而有 $\displaystyle\int \frac{\mathrm{d}x}{(x-a)(x-b)(x-c)} = \frac{1}{(a-b)(a-c)}\int \frac{\mathrm{d}x}{x-a} + \frac{1}{(b-a)(b-c)}\int \frac{\mathrm{d}x}{x-b} +$

$$\frac{1}{(c-a)(c-b)}\int \frac{\mathrm{d}x}{x-c}$$

$$= \frac{1}{(a-b)(a-c)}\ln|x-a| + \frac{1}{(b-a)(b-c)}\ln|x-b| +$$

$$\frac{1}{(c-a)(c-b)}\ln|x-c| + C.$$

2. 第二换元积分法

第一换元积分法的特点是针对被积式的结构令新变量 u 等于原变量 x 的某个函数 $u = \varphi(x)$ 进行变量代换的. 但是有些积分, 则利用相反的方式换元, 即令原变量 x 等于新变量 t 的某个函数 $x = \varphi(t)$ (用 $x = \varphi(u)$ 也可以) 代入计算, 这种方法叫**第二换元积分法**, 即设函数 $x = \varphi(t)$ 单调、可导, 且 $\varphi'(t) \neq 0$, 如果 $\displaystyle\int f[\varphi(t)]\varphi'(t)\mathrm{d}t = \Phi(t) + C$, 那么

$$\int f(x)\mathrm{d}x \xlongequal[x=\varphi(t)]{\text{换元}} \int f[\varphi(t)]\varphi'(t)\mathrm{d}t = \Phi(t) + C \xlongequal[t=\varphi^{-1}(x)]{\text{回代}} \Phi[\varphi^{-1}(x)] + C = F(x) + C.$$

以下面的例子来说明不定积分的第二换元法.

例 12 求 $\displaystyle\int \frac{1}{\sqrt{x+1}+1}\mathrm{d}x$.

解 此题用凑微分较难, 需要另找方法.

首先作变换 $\sqrt{x+1} = u$, 即令 $x = u^2 - 1 (u \geq 0)$. 此时 $\mathrm{d}x = 2u\mathrm{d}u$, 代入原式得

$$\int \frac{1}{\sqrt{x+1}+1}\mathrm{d}x = \int \frac{1}{u+1} \cdot 2u\mathrm{d}u = 2\int \frac{u+1-1}{u+1}\mathrm{d}u = 2\int \left(1 - \frac{1}{u+1}\right)\mathrm{d}u$$

$$= 2\left[u - \int \frac{1}{u+1}\mathrm{d}(u+1)\right] = 2(u - \ln|u+1|) + C$$

$$= 2\sqrt{x+1} - 2\ln|\sqrt{x+1}+1| + C \quad (\text{回代 } u = \sqrt{x+1})$$

$$= 2\sqrt{x+1} - 2\ln(\sqrt{x+1}+1) + C.$$

例 13 求 $\displaystyle\int x\sqrt{1-x^2}\mathrm{d}x \quad (x > 0)$.

解 此题类似于例 3, 用凑微分法求解很容易, 下面介绍其他方法.

为消去本题中被积函数中的根式, 可用三角恒等式 $1 - \sin^2 x = \cos^2 x$, 试用代换 $x = \sin u$ $\left(0 < u \leq \dfrac{\pi}{2}\right)$, 代入被积函数中使根式 $\sqrt{1-x^2} = \sqrt{1-\sin^2 u} = \sqrt{\cos^2 u} = \cos u$, 从而消去根式.

于是, 令 $x = \sin u$, 此时 $\mathrm{d}x = \cos u\mathrm{d}u$, 代入原式得

$$\int x\sqrt{1-x^2}\mathrm{d}x = \int \sin u \cdot \cos u \cdot \cos u\mathrm{d}u = \int \cos^2 u \cdot \sin u\mathrm{d}u$$

$$= - \int \cos^2 u d(\cos u) = - \frac{1}{3} \cos^3 u + C$$

$$= - \frac{1}{3} (1 - x^2)^{\frac{3}{2}} + C \quad (\cos u = \sqrt{1 - x^2}).$$

第二换元法与第一换元法都是换元积分法,其实质都是设法将一个较难的积分化为另一个便于计算出结果的积分. 区别在于形式上,即第一换元法是把不易积分的形式 $\int f[\varphi(x)]\varphi'(x)dx$ 凑成便于积分的形式 $\int f(u)du$ (u 为积分变量,u 是凑出的),而第二换元法却是处理相反的情形,即把不易积分的形式 $\int f(x)dx$ 变成易于积分的形式 $\int f[\varphi(t)]\varphi'(t)dt$ (t 为积分变量)或 $\int f[\varphi(u)]\varphi'(u)du$ (u 为积分变量).

虽然在 3.2 节讲了 13 个积分基本公式,而下面 8 个积分公式以后经常会遇到,所以将它们补充到积分基本公式中去,即

(1) $\int \tan x dx = -\ln|\cos x| + C$;　　(2) $\int \cot x dx = \ln|\sin x| + C$;

(3) $\int \sec x dx = \ln|\sec x + \tan x| + C$; (4) $\int \csc x dx = \ln|\csc x - \cot x| + C$;

(5) $\int \frac{1}{a^2 + x^2}dx = \frac{1}{a}\arctan\frac{x}{a} + C$;　　(6) $\int \frac{1}{\sqrt{a^2 - x^2}}dx = \arcsin\frac{x}{a} + C$;

(7) $\int \frac{1}{x^2 - a^2}dx = \frac{1}{2a}\ln\left|\frac{x-a}{x+a}\right| + C$;　　(8) $\int \frac{1}{\sqrt{x^2 \pm a^2}}dx = \ln|x + \sqrt{x^2 \pm a^2}| + C$.

注意　公式(8)是把两个公式合写成一个公式,分开写效果会更好,即

$$\int \frac{1}{\sqrt{x^2 + a^2}}dx = \ln(x + \sqrt{x^2 + a^2}) + C;$$

$$\int \frac{1}{\sqrt{x^2 - a^2}}dx = \ln|x + \sqrt{x^2 - a^2}| + C.$$

例 14　求 $\int \frac{1}{x^2 + 2x + 3}dx$.

解　$\int \frac{1}{x^2 + 2x + 3}dx = \int \frac{1}{x^2 + 2x + 1 + 2}dx = \int \frac{1}{(x+1)^2 + (\sqrt{2})^2}d(x + 1).$

利用公式(5),得 $\int \frac{1}{x^2 + 2x + 3}dx = \frac{1}{\sqrt{2}}\arctan\frac{x+1}{\sqrt{2}} + C.$

3.3.2　分部积分法

以上各种积分法的主导思想就是设法将一个较难的积分化为另一个便于计算出结果的积分. 利用这个思想,可由乘积的导数公式得到另一个有效的积分方法——分部积分法.

由 $(uv)' = u'v + uv'$,两边积分得 $uv = \int u'v dx + \int uv' dx$,移项得

$$\int uv' dx = uv - \int u'v dx.$$

上式称作**分部积分公式**.

为了便于记忆,利用微分公式 $f'(x)dx = df(x)$,上述公式可改写为

$$\int u\,dv = uv - \int v\,du\,.$$

分部积分公式的作用在于把求等式左边的不定积分 $\int u\,dv$ 转化为求等式右边的不定积分 $\int v\,du$. 通常 $\int u\,dv$ 不易求得,而 $\int v\,du$ 容易求得,利用这个公式,就起到了化难为易的作用.

对于被积函数是两个因式积的情形,若用前面讲过的方法不易积分,就应考虑使用分部积分公式求积分的方法——**分部积分法**.

例 15 求 $\int x\mathrm{e}^x\mathrm{d}x$.

解 选取 $u = x, \mathrm{d}v = \mathrm{e}^x\mathrm{d}x = \mathrm{d}(\mathrm{e}^x)$. 使用分部积分法得

$$\int x\mathrm{e}^x\mathrm{d}x = \int x\mathrm{d}(\mathrm{e}^x) = x\mathrm{e}^x - \int \mathrm{e}^x\mathrm{d}x = x\mathrm{e}^x - \mathrm{e}^x + C = \mathrm{e}^x(x-1) + C\,.$$

注意 如果设 $u = \mathrm{e}^x, v' = x$,则 $v = \dfrac{1}{2}x^2, \mathrm{d}u = \mathrm{e}^x\mathrm{d}x$. 使用分部积分法得

$$\int x\mathrm{e}^x\mathrm{d}x = \frac{1}{2}x^2\mathrm{e}^x - \frac{1}{2}\int x^2\mathrm{e}^x\mathrm{d}x\,.$$

显然,上式右端的积分反而比左端的积分更难了,而前一种选择就不是这样. 这说明,在利用分部积分法时,恰当地选择 u 和 v' 很重要. 由于把 u 选定后, v' 也就自然确定,故确定 u 是一个关键.

通常 u 的选取与幂、指、对、三角、反三角 5 种基本初等函数密切相关. 把对数函数或对数函数型简称为对,反三角函数或反三角函数型简称为反,幂函数或幂函数型简称为幂,指数函数或指数函数型简称为指,三角函数或三角函数型简称为三;把对与反放在最上方,幂放在中间,指与三放在最下方(如图 3-2 所示),即当被积函数是上下两种函数相乘时,选上面的函数为 u,即有幂、对选对对为 u(有对选对对为 u),幂、反选反反为 u(有反选反反为 u),指、幂选幂幂为 u,三、幂选幂幂为 u 共 4 种类型;当被积函数是最下方两种函数相乘时,选哪种函数为 u 均可,即三、指任选.

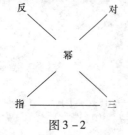

图 3-2

综上所述,分部积分法一般有 5 种类型,例 15 为指、幂选幂幂为 u 型.

例 16 求 $\int x^2\cos x\mathrm{d}x$.

解 本题为三、幂选幂幂为 u 型. 故设 $u = x^2, v' = \cos x$,则 $v = \sin x, \mathrm{d}u = 2x\mathrm{d}x$.

$$\int x^2\cos x\mathrm{d}x \quad (\text{幂为二次,使用分部积分法})$$

$$= x^2\sin x - 2\int x\sin x\mathrm{d}x \quad (\text{仍为三、幂选幂幂为 } u \text{ 型,幂已为一次,凑微分})$$

$$= x^2\sin x + 2\int x\mathrm{d}\cos x \quad (\text{再次使用分部积分法})$$

$$= x^2\sin x + 2(x\cos x - \int \cos x\mathrm{d}x)$$

$$= x^2 \sin x + 2x\cos x - 2\sin x + C .$$

上例中用了两次分部积分公式,当运用熟练后,分部积分的替换过程可以省略,请见下面的例子.

例 17　求 $\int \ln x \mathrm{d}x$.

解　本题为幂、对选对对为 u(有对选对对为 u)型. 故

$$\int \ln x \mathrm{d}x = x\ln x - \int x \cdot \frac{1}{x}\mathrm{d}x = x\ln x - x + C .$$

例 18　求 $\int \mathrm{e}^x \sin x \mathrm{d}x$.

解　本题为三、指任选型. 故

$$\int \mathrm{e}^x \sin x \mathrm{d}x = \int \sin x \mathrm{d}\mathrm{e}^x \quad (第一次选三角函数为 u)$$

$$= \mathrm{e}^x \sin x - \int \mathrm{e}^x \cos x \mathrm{d}x \quad (仍为三、指任选型)$$

$$= \mathrm{e}^x \sin x - \int \cos x \mathrm{d}\mathrm{e}^x \quad (第二次仍需选三角函数为 u)$$

$$= \mathrm{e}^x \sin x - \mathrm{e}^x \cos x + \int \mathrm{e}^x (-\sin x)\mathrm{d}x$$

$$= \mathrm{e}^x \sin x - \mathrm{e}^x \cos x - \int \mathrm{e}^x \sin x \mathrm{d}x \quad \left(\int \mathrm{e}^x \sin x \mathrm{d}x\ 已循环出来\right)$$

故
$$\int \mathrm{e}^x \sin x \mathrm{d}x = \frac{\mathrm{e}^x}{2}(\sin x - \cos x) + C .$$

例 19　$\int \frac{x}{\sqrt{1+x}}\mathrm{d}x$.

解法 1　$\int \frac{x}{\sqrt{1+x}}\mathrm{d}x = \int \frac{x+1-1}{\sqrt{1+x}}\mathrm{d}x = \int \sqrt{1+x}\,\mathrm{d}x - \int \frac{1}{\sqrt{1+x}}\mathrm{d}x$

$$= \frac{2}{3}(1+x)^{\frac{3}{2}} - 2(1+x)^{\frac{1}{2}} + C$$

$$= \frac{2}{3}\sqrt{(1+x)^3} - 2\sqrt{1+x} + C .$$

解法 2　令 $t = 1+x$,则 $x = t-1, \mathrm{d}x = \mathrm{d}t$.

$$\int \frac{x}{\sqrt{1+x}}\mathrm{d}x = \int \frac{t-1}{\sqrt{t}}\mathrm{d}t = \int \sqrt{t}\mathrm{d}t - \int \frac{1}{\sqrt{t}}\mathrm{d}t$$

$$= \frac{2}{3}t^{\frac{3}{2}} - 2t^{\frac{1}{2}} + C = \frac{2}{3}(1+x)^{\frac{3}{2}} - 2(1+x)^{\frac{1}{2}} + C$$

$$= \frac{2}{3}\sqrt{(1+x)^3} - 2\sqrt{1+x} + C .$$

解法 3　令 $t = \sqrt{1+x}$,则 $x = t^2-1, \mathrm{d}x = 2t\mathrm{d}t$.

$$\int \frac{x}{\sqrt{1+x}}\mathrm{d}x = \int \frac{t^2-1}{t} \cdot 2t\mathrm{d}t = 2\int (t^2-1)\mathrm{d}t$$

$$= \frac{2}{3}t^3 - 2t + C = \frac{2}{3}(1+x)^{\frac{3}{2}} - 2(1+x)^{\frac{1}{2}} + C$$

$$= \frac{2}{3}\sqrt{(1+x)^3} - 2\sqrt{1+x} + C.$$

解法 4 $\displaystyle\int \frac{x}{\sqrt{1+x}}\mathrm{d}x = \int x\mathrm{d}(2\sqrt{1+x}) = 2x\sqrt{1+x} - 2\int \sqrt{1+x}\,\mathrm{d}x$

$$= 2x\sqrt{1+x} - \frac{4}{3}(1+x)^{\frac{3}{2}} + C$$

$$= \frac{2}{3}(1+x)^{\frac{3}{2}} - 2(1+x)^{\frac{1}{2}} + C$$

$$= \frac{2}{3}\sqrt{(1+x)^3} - 2\sqrt{1+x} + C.$$

训练任务 3.3

1. 求下列不定积分:

(1) $\displaystyle\int (3x+1)^{70}\mathrm{d}x$;　　　(2) $\displaystyle\int \frac{1}{(3+5x)^2}\mathrm{d}x$;　　　(3) $\displaystyle\int (3x-1)^{-3}\mathrm{d}x$;

(4) $\displaystyle\int \sqrt{1-2x}\mathrm{d}x$;　　　(5) $\displaystyle\int \frac{2x}{1+x^2}\mathrm{d}x$;　　　(6) $\displaystyle\int \frac{1}{2x}\mathrm{d}x$;

(7) $\displaystyle\int (x^3-x)(3x^2-1)\mathrm{d}x$;　(8) $\displaystyle\int \frac{(\sqrt{x}+1)^5}{\sqrt{x}}\mathrm{d}x$;　(9) $\displaystyle\int \frac{\mathrm{e}^{\sqrt{x}}}{\sqrt{x}}\mathrm{d}x$;

(10) $\displaystyle\int x^2\mathrm{e}^{x^3+1}\mathrm{d}x$;　　(11) $\displaystyle\int x\mathrm{e}^{-2x^2}\mathrm{d}x$;　　(12) $\displaystyle\int \frac{\mathrm{e}^x}{\sqrt{1+2\mathrm{e}^x}}\mathrm{d}x$;

(13) $\displaystyle\int \sin\left(\frac{2}{3}x\right)\mathrm{d}x$;　　(14) $\displaystyle\int \mathrm{e}^{\sin x}\cos x\mathrm{d}x$;　　(15) $\displaystyle\int \frac{1}{x^2}\sin\frac{1}{x}\mathrm{d}x$;

(16) $\displaystyle\int \frac{\ln^2 x}{x}\mathrm{d}x$.

2. 求下列不定积分:

(1) $\displaystyle\int \frac{1}{\sqrt{x}+1}\mathrm{d}x$;　　　(2) $\displaystyle\int x\sqrt{1-4x^2}\mathrm{d}x$.

3. 求 $\displaystyle\int \frac{1}{x^2+2x+9}\mathrm{d}x$.

4. 求下列不定积分:

(1) $\displaystyle\int x\sin x\mathrm{d}x$;　　　(2) $\displaystyle\int x\mathrm{e}^{-2x}\mathrm{d}x$;　　　(3) $\displaystyle\int (x-2)\mathrm{e}^x\mathrm{d}x$;

(4) $\displaystyle\int (x^2-1)\mathrm{e}^x\mathrm{d}x$;　　(5) $\displaystyle\int x\mathrm{e}^{x+1}\mathrm{d}x$;　　(6) $\displaystyle\int x\cos(x+1)\mathrm{d}x$;

(7) $\displaystyle\int x\cos 3x\mathrm{d}x$;　　　(8) $\displaystyle\int x^2\sin x\mathrm{d}x$;　　(9) $\displaystyle\int x\ln(1+x^2)\mathrm{d}x$;

(10) $\displaystyle\int \arccos x\mathrm{d}x$;　　(11) $\displaystyle\int x\arctan x\mathrm{d}x$;　　(12) $\displaystyle\int \mathrm{e}^{2x}\cos x\mathrm{d}x$.

3.4 定积分的概念和性质

3.4.1 引出定积分概念的几个实例

案例 1(求曲边梯形的面积)　在直角坐标系 Oxy 中,由连续曲线 $y=f(x)(f(x)\geqslant0)$,直线 $x=a$ 和 $x=b(a<b)$ 以及 x 轴围成的平面区域(如图 3−3 所示)是**曲边梯形**.

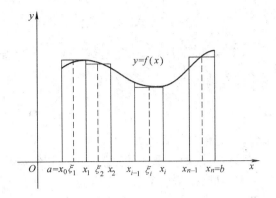

图 3−3

如何求曲边梯形的面积 A? 先将曲边梯形用平行于 y 轴的直线任意分为 n 个小曲边梯形,对每一个小曲边梯形的面积用较接近的小矩形的面积作为其近似值,再用这 n 个小矩形的面积之和作为曲边梯形面积 A 的近似值.显然,分得越细近似程度越精确,最后很自然地以小矩形面积之和的极限值作为曲边梯形的面积 A.具体做法如下.

(1)**分割**:在区间 $[a,b]$ 中任意插入 $n-1$ 个分点

$$a=x_0<x_1<x_2<\cdots<x_{i-1}<x_i<\cdots<x_{n-1}<x_n=b,$$

将 $[a,b]$ 分割为 n 个小区间 $[x_0,x_1]$,$[x_1,x_2]$,$\cdots$,$[x_{i-1},x_i]$,$\cdots$,$[x_{n-1},x_n]$,它们的长度记为 $\Delta x_i=x_i-x_{i-1}(i=1,2,\cdots,n)$.过每一分点 x_i 作平行于 y 轴的直线,把原曲边梯形(图 3−2)分割为 n 个小曲边梯形,它们的面积分别记为 $\Delta A_1,\Delta A_2,\cdots,\Delta A_i,\cdots,\Delta A_n$.

(2)**近似代替**:在每一小区间 $[x_{i-1},x_i]$ 上任取一点 ξ_i,以 Δx_i 为底,$f(\xi_i)$ 为高的小矩形面积为 $f(\xi_i)\Delta x_i$,用它作为第 i 个小曲边梯形面积 ΔA_i 的近似值(图 3−2),即

$$\Delta A_i\approx f(\xi_i)\Delta x_i\ (i=1,2,\cdots,n).$$

(3)**求和**:将每一小曲边梯形面积的近似值相加,得

$$A=\sum_{i=1}^n\Delta A_i\approx\sum_{i=1}^nf(\xi_i)\Delta x_i.\tag{1}$$

(4)**取极限**:区间 $[a,b]$ 分得越细,近似式(1)的精确度就越高.记 $\lambda=\max\limits_{1\leqslant i\leqslant n}\{\Delta x_i\}$,则当 $\lambda\to0$ 时,其极限值就是 A,即曲边梯形的面积可表示为

$$A=\lim_{\lambda\to0}\sum_{i=1}^nf(\xi_i)\Delta x_i.$$

案例 2(求变速直线运动的位移)　设物体做变速直线运动,已知运动的速度函数为 $v=v(t)$,求在时间间隔 $[0,T]$ 内物体的位移 s.

类似于求曲边梯形面积表达式的做法,通过如下步骤求位移 s 的表达式.

(1)**分割**:在 $[0,T]$ 内任意插入 $n-1$ 个分点

$$0=t_0<t_1<t_2<\cdots<t_{i-1}<t_i<\cdots t_{n-1}<t_n=T,$$

将 $[0,T]$ 分割为 n 个小区间 $[t_{i-1},t_i]$,其长度为 $\Delta t_i=t_i-t_{i-1}(i=1,2,\cdots,n)$.

(2)**近似代替**:在每一个小时间间隔 $[t_{i-1},t_i]$ 任取时刻 ξ_i,由于 Δt_i 很小,因此可看做速度为 $v(\xi_i)$ 的匀速直线运动.求出物体在 $[t_{i-1},t_i]$ 内所产生位移的近似

$$\Delta s_i\approx v(\xi_i)\Delta t_i.$$

(3)**求和**:将每一 Δs_i 的近似值相加,得

$$s = \sum_{i=1}^{n} \Delta s_i \approx \sum_{i=1}^{n} v(\xi_i) \Delta t_i; \tag{2}$$

（4）取极限：$[0,T]$分得越细，近似式（2）就越精确. 记 $\lambda = \max\limits_{1 \leqslant i \leqslant n} \{\Delta t_i\}$，则当 $\lambda \to 0$ 时，其极限值就是 s，即所求位移表达式为

$$s = \lim_{\lambda \to 0} \sum_{i=1}^{n} v(\xi_i) \Delta t_i.$$

3.4.2 定积分的概念

从以上求曲边梯形的面积和变速直线运动的位移这两个问题可以看出，虽然它们的实际意义不同，但最后都通过分割、近似代替将问题归结为求和式极限. 类似的问题还有很多，撇开具体含义，找出这些问题在数量关系上的共性，就可以得到下面定积分的定义.

定义 1 设函数 $f(x)$ 在 $[a,b]$ 上有界，在区间 $[a,b]$ 中任意插入 $n-1$ 个分点

$$a = x_0 < x_1 < x_2 < \cdots < x_{i-1} < x_i < \cdots < x_{n-1} < x_n = b,$$

将 $[a,b]$ 分割为 n 个小区间 $[x_0,x_1]$，$[x_1,x_2]$，$\cdots$，$[x_{i-1},x_i]$，$\cdots$，$[x_{n-1},x_n]$. 记每一小区间 $[x_{i-1},x_i]$ 长度为 Δx_i，其中 $\Delta x_i = x_i - x_{i-1}(i = 1,2,\cdots,n)$，并在每一小区间 $[x_{i-1},x_i]$ 上任取一点 ξ_i，作和式 $\sum\limits_{i=1}^{n} f(\xi_i) \Delta x_i$，记 $\lambda = \max\limits_{1 \leqslant i \leqslant n} \{\Delta x_i\}$，若当 $\lambda \to 0$ 时，$\sum\limits_{i=1}^{n} f(\xi_i) \Delta x_i$ 的极限存在，且极限值与 $[a,b]$ 的分法及 ξ_i 的取法无关，则称此极限值为 $f(x)$ 在 $[a,b]$ 上的定积分，记作 $\int_a^b f(x) \mathrm{d}x$，即 $\int_a^b f(x) \mathrm{d}x = \lim\limits_{\lambda \to 0} \sum\limits_{i=1}^{n} f(\xi_i) \Delta x_i$，也称 $f(x)$ 在 $[a,b]$ 上**可积**. 其中称 x 为**积分变量**，称 $f(x)$ 为**被积函数**，并称"$\int$"为**积分号**，称 a 和 b 分别为**积分下限**和**积分上限**，称 $[a,b]$ 为**积分区间**.

在实用上，为方便起见，省略下标 i，用 $[x, x + \mathrm{d}x]$ 表示任一个小区间，并取这个小区间的左端点 x 为 ξ. 这样，以点 x 处的函数值 $f(x)$ 为长，$\mathrm{d}x$ 为宽的矩形面积 $f(x)\mathrm{d}x$ 就是区间 $[x, x + \mathrm{d}x]$ 上的小曲边梯形面积 ΔA 的近似值，即 $\Delta A \approx f(x)\mathrm{d}x$，其中 $f(x)\mathrm{d}x$ 称为**面积元素**，记作 $\mathrm{d}A$，即 $\mathrm{d}A = f(x)\mathrm{d}x$. 因为 $A = \sum \Delta A \approx \sum f(x)\mathrm{d}x$，所以

$$A = \int_a^b f(x) \mathrm{d}x.$$

按定积分的定义，前面两个例子中的面积和位移都可以用定积分表示.

曲边梯形的面积表示式可写为

$$A = \int_a^b f(x) \mathrm{d}x.$$

变速直线运动的位移可表示为

$$s = \int_0^T v(t) \mathrm{d}t.$$

注意 定积分的值只与被积函数及积分区间有关，而与积分变量的记法无关，即

$$\int_a^b f(x) \mathrm{d}x = \int_a^b f(u) \mathrm{d}u = \int_a^b f(t) \mathrm{d}t.$$

重要结论 当函数 $f(x)$ 在 $[a,b]$ 上连续或 $f(x)$ 在 $[a,b]$ 上只有有限个第一类间断点时，$\int_a^b f(x) \mathrm{d}x$ 必定存在（证明从略）.

例1 利用定义计算定积分 $\int_0^1 x^2 \mathrm{d}x$（帮助理解可积的条件）.

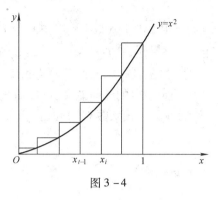

图 3 - 4

解 因为函数 $f(x) = x^2$ 在 $[0,1]$ 上连续,所以由 $\int_0^1 x^2 \mathrm{d}x$ 定义的和式极限必存在. 因此,可在一种分割方式下计算极限值(温故而知新,帮助理解定积分定义).

(1)等分 $[0,1]$ 为 n 份,如图 3 - 4 所示,每一个小区间的长度为

$$\Delta x_i = \frac{1}{n} \quad (i = 1,2,\cdots,n),$$

分点为

$$x_i = \frac{i}{n} \quad (i = 1,2,\cdots,n-1).$$

(2)取 $\xi_i = x_i$,则

$$f(\xi_i)\Delta x_i = f\left(\frac{i}{n}\right)\frac{1}{n} = \left(\frac{i}{n}\right)^2 \cdot \frac{1}{n} = \frac{i^2}{n^3} \quad (i = 1,2,\cdots,n).$$

(3)作和式。

$$\begin{aligned}
\sum_{i=1}^{n} f(\xi_i)\Delta x_i &= \frac{1^2}{n^3} + \frac{2^2}{n^3} + \cdots + \frac{i^2}{n^3} + \cdots + \frac{n^2}{n^3} \\
&= \frac{1}{n^3}(1^2 + 2^2 + \cdots + i^2 + \cdots + n^2) \\
&= \frac{1}{n^3} \cdot \frac{1}{6}n(n+1)(2n+1).
\end{aligned}$$

(4)取极限。当 $\lambda = \frac{1}{n} \to 0$,即 $n \to \infty$ 时,有

$$\lim_{\lambda \to 0} \sum_{i=1}^{n} f(\xi_i)\Delta x_i = \lim_{n \to \infty} \frac{1}{6}\left(1 + \frac{1}{n}\right)\left(2 + \frac{1}{n}\right) = \frac{1}{3},$$

由定积分定义,得

$$\int_0^1 x^2 \mathrm{d}x = \lim_{\lambda \to 0} \sum_{i=1}^{n} f(\xi_i)x_i = \frac{1}{3}.$$

3.4.3 定积分的几何意义

如果在区间 $[a,b]$ 上的连续函数 $f(x) \geqslant 0$,那么由定积分定义可得 $\int_a^b f(x)\mathrm{d}x$ 在几何上表示由曲线 $y = f(x)$,直线 $x = a$,$x = b$ 以及 x 轴所围成的曲边梯形的面积. 这就是 $f(x) \geqslant 0$ 时定积分的几何意义.

如果在区间 $[a,b]$ 上的连续函数 $f(x) \leqslant 0$,则 $\int_a^b f(x)\mathrm{d}x$ 是负值,此种情形规定由曲线 $y = f(x)$,直线 $x = a$,$x = b$ 以及 x 轴所围成的曲边梯形的面积也是负值,那么 $\int_a^b f(x)\mathrm{d}x$ 在几何上还是表示由曲线 $y = f(x)$,直线 $x = a$,$x = b$ 以及 x 轴所围成的曲边梯形的面积. 这就是 $f(x) \leqslant 0$ 时定积分的几何意义.

如果在区间 $[a,b]$ 上的连续函数 $f(x)$ 有时为正、有时为负,那么 $\int_a^b f(x)\mathrm{d}x$ 在几何上表示由曲线 $y=f(x)$,直线 $x=a,x=b$ 以及 x 轴所围成的各部分曲边梯形面积的代数和,规定在 x 轴上方的曲边梯形的面积为正值,在 x 轴下方的曲边梯形的面积为负值.

利用定积分的几何意义,可以简化奇(偶)函数在关于原点对称的区间 $[-a,a]$ 上的定积分的计算,即设函数 $f(x)$ 在区间 $[-a,a]$ 上连续.那么当 $f(x)$ 为奇函数时,

$$\int_{-a}^a f(x)\mathrm{d}x = 0.$$

当 $f(x)$ 为偶函数时,

$$\int_{-a}^a f(x)\mathrm{d}x = 2\int_0^a f(x)\mathrm{d}x.$$

上述结论以后还会证明.

例2 利用定积分的几何意义,求出下列定积分的值:

(1) $\displaystyle\int_{-\pi}^{\pi} \sin^3 x\mathrm{d}x$; (2) $\displaystyle\int_0^a \sqrt{a^2-x^2}\mathrm{d}x$.

解 (1)被积函数 $f(x)=\sin^3 x$ 是奇函数,积分区间 $[-\pi,\pi]$ 关于原点对称,利用定积分的几何意义,得 $\displaystyle\int_{-\pi}^{\pi} \sin^3 x\mathrm{d}x = 0$;

(2)被积函数 $\sqrt{a^2-x^2}$ 的图像是以原点为心、以 a 为半径的圆在第一象限的部分,利用定积分的几何意义,该积分为以原点为心、以 a 为半径的圆面积的四分之一,故

$$\int_0^a \sqrt{a^2-x^2}\mathrm{d}x = \frac{1}{4}\cdot\pi a^2.$$

3.4.4 定积分性质

为便于定积分的计算,先对定积分作以下两点规定:

(1)当 $a=b$ 时, $\displaystyle\int_a^b f(x)\mathrm{d}x = 0$;

(2)当 $a>b$ 时, $\displaystyle\int_a^b f(x)\mathrm{d}x = -\int_b^a f(x)\mathrm{d}x$.

下面再列出定积分的 7 个性质.

设 $f(x),g(x)$ 在 $[a,b]$ 上可积,则有如下性质.

性质1 两个函数和(差)的定积分等于它们各自定积分的和(差),即

$$\int_a^b [f(x)\pm g(x)]\mathrm{d}x = \int_a^b f(x)\mathrm{d}x \pm \int_a^b g(x)\mathrm{d}x.$$

性质 1 对于任意有限个函数也是成立的.

性质2 被积函数中的常数因子可以移到积分号外面,即

$$\int_a^b kf(x)\mathrm{d}x = k\int_a^b f(x)\mathrm{d}x \quad (k \text{ 为常数}).$$

上述两个性质与不定积分的两个性质类似.

性质3 $\displaystyle\int_a^b f(x)\mathrm{d}x = \int_a^c f(x)\mathrm{d}x + \int_c^b f(x)\mathrm{d}x$ (c 点可在 $[a,b]$ 的内外).

性质 3 表明,定积分对区间具有可加性.

性质4 若在 $[a,b]$ 上 $f(x)\equiv 1$,则 $\displaystyle\int_a^b 1\mathrm{d}x = \int_a^b \mathrm{d}x = b-a$.

事实上, $f(x) = 1$ 与 $x = a, x = b, x$ 轴所围图形为一矩形, 它的面积

$$A = 1 \times (b - a) = b - a.$$

根据定积分的几何意义, $\int_a^b \mathrm{d}x = A = b - a$.

性质 5　若在 $[a, b]$ 上 $f(x) \leqslant g(x)$, 则 $\int_a^b f(x) \mathrm{d}x \leqslant \int_a^b g(x) \mathrm{d}x$　$(a < b)$.

性质 5 表明, 定积分可以比较大小.

性质 6　若 $m \leqslant f(x) \leqslant M$　$(a \leqslant x \leqslant b)$, 则

$$m(b - a) \leqslant \int_a^b f(x) \mathrm{d}x \leqslant M(b - a)　(m, M \text{ 为常数}).$$

证明　由 $m \leqslant f(x) \leqslant M$ 可得

$$\int_a^b m \mathrm{d}x \leqslant \int_a^b f(x) \mathrm{d}x \leqslant \int_a^b M \mathrm{d}x,$$

即

$$m \int_a^b \mathrm{d}x \leqslant \int_a^b f(x) \mathrm{d}x \leqslant M \int_a^b \mathrm{d}x;$$

而

$$\int_a^b \mathrm{d}x = b - a,$$

因此

$$m(b - a) \leqslant \int_a^b f(x) \mathrm{d}x \leqslant M(b - a).$$

性质 6 表明, 可以估计定积分的大小.

性质 7(定积分中值定理)　若 $f(x)$ 在 $[a, b]$ 上连续, 则在 $[a, b]$ 上至少存在一点 ξ, 使

$$\int_a^b f(x) \mathrm{d}x = f(\xi)(b - a)　(a \leqslant \xi \leqslant b).$$

证明　因 $f(x)$ 在 $[a, b]$ 上连续, 故 $f(x)$ 在 $[a, b]$ 上有最大值 M 和最小值 m, 即 $m \leqslant f(x) \leqslant M$.

由性质 6 得 $m(b - a) \leqslant \int_a^b f(x) \mathrm{d}x \leqslant M(b - a)$, 即 $m \leqslant \dfrac{1}{b - a} \int_a^b f(x) \mathrm{d}x \leqslant M$.

根据连续函数的介值定理, 存在 $\xi \in [a, b]$, 使 $f(\xi) = \dfrac{1}{b - a} \int_a^b f(x) \mathrm{d}x$, 从而有

$$\int_a^b f(x) \mathrm{d}x = f(\xi)(b - a).$$

性质 7 的几何意义是, 对于以区间 $[a, b]$ 为底, 曲线 $y = f(x)$ 为曲边的曲边梯形, 至少有一个以 $f(\xi)$ $(a \leqslant \xi \leqslant b)$ 为高, $[a, b]$ 为底的矩形, 使得它们的面积相等.

一般地, 定义函数 $y = f(x)$ 在 $[a, b]$ 上的平均值为 $\bar{y} = \dfrac{1}{b - a} \int_a^b f(x) \mathrm{d}x$.

$\dfrac{1}{b - a} \int_a^b f(x) \mathrm{d}x$ 恰是定积分中值定理中的 $f(\xi)$, $f(\xi)$ 就是连续函数 $f(x)$ 在 $[a, b]$ 上的平均值.

例 3　估计定积分 $\int_0^2 \mathrm{e}^{x^2 - x} \mathrm{d}x$ 的范围.

解　令 $f(x) = \mathrm{e}^{x^2 - x}$, 则在 $[0, 2]$ 上有 $\mathrm{e}^{-\frac{1}{4}} \leqslant f(x) \leqslant \mathrm{e}^2$,

从而有
$$2\mathrm{e}^{-\frac{1}{4}} \leqslant \int_0^2 f(x)\,\mathrm{d}x \leqslant 2\mathrm{e}^2.$$

训练任务 3.4

1. 利用定义计算定积分 $\int_0^b x^2\,\mathrm{d}x$（$b > 0$）.

2. 利用定积分的几何意义,求出下列定积分的值:

（1）$\int_{-\pi}^{\pi} \sin x\,\mathrm{d}x$;　　　　（2）$\int_{-2}^2 \sqrt{4-x^2}\,\mathrm{d}x$.

3. 估计定积分 $\int_{-a}^a \mathrm{e}^{-x^2}\,\mathrm{d}x$ 的范围.

3.5　牛顿 - 莱布尼茨公式

　　由定积分的定义可知,尽管定积分概念有着很强的实际背景,但是如果通过定积分定义方式计算一个具体函数,哪怕是一个很简单的被积函数的定积分也是很不容易的. 为了找到定积分计算的简单方法,给出下面的定义和定理.

3.5.1　变上限的定积分与原函数存在定理

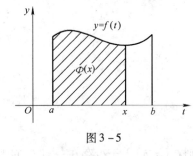

图 3 - 5

　　定义 1　设函数 $f(x)$ 在区间 $[a,b]$ 上可积,则对任意的 $x \in [a,b]$,$f(x)$ 在 $[a,x]$ 上也可积,即积分 $\int_a^x f(x)\,\mathrm{d}x$ 存在,称此积分为**变上限的定积分**.

　　它的几何意义如图 3 - 5 的阴影部分的面积所示,这个面积随上限 x 的变化而变化,根据函数的定义知,定积分 $\int_a^x f(x)\,\mathrm{d}x$ 在区间 $[a,b]$ 上定义了一个函数,记为 $\Phi(x)$,即 $\Phi(x) = \int_a^x f(x)\,\mathrm{d}x$.

　　又因为定积分与积分变量的记法无关,因此变上限定积分所确定的函数习惯上把积分变量写成其他符号,例如 $\Phi(x) = \int_a^x f(t)\,\mathrm{d}t$.

　　下面讨论 $\Phi(x)$ 的可导性和原函数存在定理.

　　定理 1（原函数存在定理）　若函数 $f(x)$ 在区间 $[a,b]$ 上连续,则函数 $\Phi(x)$ 在 $[a,b]$ 上可导,且 $\Phi'(x) = \left(\int_a^x f(t)\,\mathrm{d}t\right)' = f(x)$,即 $\Phi(x)$ 是 $f(x)$ 在 $[a,b]$ 上的一个原函数.

　　证明　当上限 x 有改变量 Δx 时,有

$$\Delta\Phi = \Phi(x+\Delta x) - \Phi(x) = \int_a^{x+\Delta x} f(t)\,\mathrm{d}t - \int_a^x f(t)\,\mathrm{d}t$$

$$= \int_a^x f(t)\,\mathrm{d}t + \int_x^{x+\Delta x} f(t)\,\mathrm{d}t - \int_a^x f(t)\,\mathrm{d}t = \int_x^{x+\Delta x} f(t)\,\mathrm{d}t,$$

由积分中值定理知,存在 $\xi \in [x,x+\Delta x]$,使 $\Delta\Phi = f(\xi)\Delta x$.

　　因此,$\displaystyle\lim_{\Delta x \to 0}\frac{\Delta\Phi}{\Delta x} = \lim_{\Delta x \to 0}\frac{f(\xi)\Delta x}{\Delta x} = \lim_{\Delta x \to 0} f(\xi) = f(x)$,即 $\Phi'(x) = f(x)$.

　　例 1　求 $\dfrac{\mathrm{d}}{\mathrm{d}x}\int_0^x \dfrac{\mathrm{d}t}{1+t^2}$.

　　解　$\dfrac{\mathrm{d}}{\mathrm{d}x}\int_0^x \dfrac{\mathrm{d}t}{1+t^2} = \left(\int_0^x \dfrac{\mathrm{d}t}{1+t^2}\right)' = \dfrac{1}{1+x^2}$.

例 2 求 $\dfrac{d}{dx}\displaystyle\int_x^0 \dfrac{dt}{1+t^2}$.

解 $\dfrac{d}{dx}\displaystyle\int_x^0 \dfrac{dt}{1+t^2} = \left(\displaystyle\int_x^0 \dfrac{dt}{1+t^2}\right)' = \left(-\displaystyle\int_0^x \dfrac{dt}{1+t^2}\right)' = -\left(\displaystyle\int_0^x \dfrac{dt}{1+t^2}\right)' = -\dfrac{1}{1+x^2}$.

例 3 求 $\dfrac{d}{dx}\displaystyle\int_0^{x^2} \dfrac{dt}{1+t^2}$.

解 $\dfrac{d}{dx}\displaystyle\int_0^{x^2} \dfrac{dt}{1+t^2}$ ($\displaystyle\int_0^{x^2} \dfrac{dt}{1+t^2}$ 是复合函数,中间变量为 $u=x^2$)

$= \left(\displaystyle\int_0^{x^2} \dfrac{dt}{1+t^2}\right)' = \left(\displaystyle\int_0^{x^2} \dfrac{dt}{1+t^2}\right)'_{x^2} \cdot (x^2)' = \dfrac{1}{1+(x^2)^2} \cdot 2x = \dfrac{2x}{1+x^4}$.

3.5.2 微积分基本定理(牛顿 – 莱布尼茨公式)

定理 2 设函数 $f(x)$ 在区间 $[a,b]$ 上连续,且 $F(x)$ 是 $f(x)$ 的一个原函数,则

$$\int_a^b f(x)dx = F(x)\Big|_a^b = F(b) - F(a).$$

证明 因 $F(x)$ 与 $\Phi(x) = \displaystyle\int_a^x f(t)dt$ 都是 $f(x)$ 的原函数,因此存在常数 C,使

$$F(x) = \Phi(x) + C, 即 F(x) = \int_a^x f(t)dt + C.$$

又因为 $\Phi(a) = \displaystyle\int_a^a f(t)dt = 0$,故 $C = F(a)$,从而有 $F(x) = \displaystyle\int_a^x f(t)dt + F(a)$.

当 $x = b$ 时, $F(b) = \displaystyle\int_a^b f(t)dt + F(a)$,即 $\displaystyle\int_a^b f(x)dx = F(b) - F(a)$.

公式 $\displaystyle\int_a^a f(x)dx = F(x)\Big|_a^b = F(b) - F(a)$ 是由牛顿和莱布尼茨在 17 世纪首先发现的,故被称为牛顿 – 莱布尼茨公式,它揭示了积分学中两个基本概念——不定积分与定积分的内在联系,而不定积分可以作为导数或微分的"逆运算",因此可以说此定理建立了微分学与积分学之间的联系,通常称为微积分基本定理.

3.5.3 直接积分法

例 4 求 $\displaystyle\int_0^1 x^2 dx$.

解 $\displaystyle\int_0^1 x^2 dx = \dfrac{x^3}{3}\Big|_0^1 = \dfrac{1}{3}$.

例 5 求 $\displaystyle\int_0^1 \dfrac{x^2}{1+x^2}dx$.

解 $\displaystyle\int_0^1 \dfrac{x^2}{1+x^2}dx = \displaystyle\int_0^1 \left(1 - \dfrac{1}{1+x^2}\right)dx = (x - \arctan x)\Big|_0^1 = 1 - \arctan 1 = 1 - \dfrac{\pi}{4}$.

例 6 求 $\displaystyle\int_0^4 |2-x|dx$.

解 由定积分对区间具有可加性得 $\displaystyle\int_0^4 |2-x|dx = \displaystyle\int_0^2 |2-x|dx + \displaystyle\int_2^4 |2-x|dx$,故

$\displaystyle\int_0^4 |2-x|dx = \displaystyle\int_0^2 (2-x)dx + \displaystyle\int_2^4 (x-2)dx = \left(2x - \dfrac{1}{2}x^2\right)\Big|_0^2 + \left(\dfrac{1}{2}x^2 - 2x\right)\Big|_2^4 = 4$.

阅读(举世公认、无与伦比的科学巨匠——牛顿) 牛顿的科学贡献是多方面的:在数学上,除了微积分,他的代数名著《普遍算术》,包含了方程论的许多重要成果,如虚数根必成对出现、笛卡儿符号法则的推广、根与系数的幂和公式,等等;他的几何杰作《三次曲线枚举》,首创三次曲线的整体分类研究,是解析几何发展新的一页;在数值分析领域,今天任何一本教程都不能不提到牛顿的名字,牛顿迭代法(牛顿–拉弗森公式)、牛顿–格列高公式、牛顿–斯特林公式……牛顿还是几何概率的最早研究者.

牛顿是一位科学巨人,他的贡献是历史上任何一位科学家都不能相比的.但他有一次在谈到自己的光学发现时却说:"如果我看得更远些,那是因为我站在巨人的肩膀上."还有一次,当别人问他是怎样作出自己的科学发现时,他回答:"心里总是装着研究的问题,等待那最初的一线希望渐渐变成普照一切的光明!"据他的助手回忆,牛顿往往一天伏案工作 18 小时左右,仆人常常发现送到书房的午饭和晚饭一口未动.偶尔去食堂用餐,出门便陷入思考,兜个圈子又回到住所.惠威尔(W·Whewell)在《归纳科学史》书中写道"除了顽强的毅力和失眠的习惯,牛顿不承认自己与常人有什么区别."

牛顿终身未婚,晚年由外甥女凯瑟琳协助管家.牛顿的许多言论、轶闻,就是靠凯瑟琳和她的丈夫康杜得的记录流传下来的.家喻户晓的苹果落地与万有引力的故事,就是凯瑟琳告诉法国哲学家伏尔泰并被后者写进《牛顿哲学原理》一书中的.

牛顿 1727 年因患肺炎与痛风而逝世,葬于威斯特敏斯特大教堂.当时参加了葬礼的伏尔泰亲眼目睹英国的大人物争抬牛顿灵柩而无限感慨.剑桥三一学院教堂大厅内立有牛顿全身塑像.牛顿去世后,外甥女凯瑟琳夫妇在亲属们围绕遗产的纠纷中不惜代价保存了牛顿的手稿.现存牛顿手稿中,仅数学部分就达 5 000 多页.

训练任务 3.5

1. 求 $\dfrac{\mathrm{d}}{\mathrm{d}x}\displaystyle\int_0^x \dfrac{\sin t}{t}\mathrm{d}t$.

2. 求 $\dfrac{\mathrm{d}}{\mathrm{d}x}\displaystyle\int_0^{x+1} \dfrac{\sin t}{t}\mathrm{d}t$.

3. 求 $\dfrac{\mathrm{d}}{\mathrm{d}x}\displaystyle\int_0^{2x} \dfrac{\sin t}{t}\mathrm{d}t$.

4. 计算下列定积分:

(1) $\displaystyle\int_0^1 (2^x + x^2)\mathrm{d}x$;

(2) $\displaystyle\int_1^2 \left(x^2 + \dfrac{1}{x^4}\right)\mathrm{d}x$;

(3) $\displaystyle\int_0^a (\sqrt{x} - \sqrt{a})^2\mathrm{d}x$;

(4) $\displaystyle\int_1^{e^2} \dfrac{1 + \ln x}{x}\mathrm{d}x$;

(5) $\displaystyle\int_1^2 \dfrac{x^2}{1 + x}\mathrm{d}x$;

(6) $\displaystyle\int_0^{\frac{\pi}{2}} \sin^2 x\,\mathrm{d}x$;

(7) $\displaystyle\int_0^{\pi} \cos^2 \dfrac{x}{2}\mathrm{d}x$;

(8) $\displaystyle\int_0^3 |2 - x|\,\mathrm{d}x$.

3.6 定积分的换元积分法与分部积分法

由上节知,只要能计算出 $\displaystyle\int f(x)\mathrm{d}x$,就能计算定积分 $\displaystyle\int_a^b f(x)\mathrm{d}x$,不定积分有换元积分

法与分部积分法,同样定积分也有换元积分法与分部积分法. 学会定积分的换元积分法与分部积分法,往往能达到简化积分计算的目的.

3.6.1 换元积分法

定理 1 设函数 $f(x)$ 在区间 $[a,b]$ 上连续,作变换 $x = \varphi(t)$,满足:

(1) $\varphi(\alpha) = a, \varphi(\beta) = b$;

(2) 当 t 在 $[\alpha,\beta]$(或 $[\beta,\alpha]$)上变化时,$x = \varphi(t)$ 的值在 $[a,b]$ 上变化;

(3) $x = \varphi(t)$ 在 $[\alpha,\beta]$(或 $[\beta,\alpha]$)上有连续导函数 $\varphi'(t)$.

则有定积分换元公式

$$\int_a^b f(x) \mathrm{d}x = \int_\alpha^\beta f[\varphi(t)] \varphi'(t) \mathrm{d}t.$$

可见,定积分的换元法在作变量替换时,积分的上、下限必作相应改变. 因此求出公式右端积分的原函数后,可直接利用牛顿 – 莱布尼茨公式求出定积分的值,而不必像不定积分那样将原函数换为原积分变量的函数后再计算. 另外,用凑微分法(不引入新变量)时,积分限不变.

例 1 求 $\int_1^2 (1-x)^9 \mathrm{d}x$.

解 $\int_1^2 (1-x)^9 \mathrm{d}x = -\int_1^2 (1-x)^9 \mathrm{d}(1-x) = -\frac{1}{10}(1-x)^{10} \Big|_1^2 = -\frac{1}{10}$.

例 2 求 $\int_1^e \frac{\ln x}{x} \mathrm{d}x$.

解 $\int_1^e \frac{\ln x}{x} \mathrm{d}x = \int_1^e \ln x \mathrm{d}(\ln x) = \frac{1}{2}\ln^2 x \Big|_1^e = \frac{1}{2}$.

例 3 求 $\int_0^1 \frac{x}{\sqrt{1+x^2}} \mathrm{d}x$.

解 $\int_0^1 \frac{x}{\sqrt{1+x^2}} \mathrm{d}x = \frac{1}{2}\int_0^1 \frac{1}{\sqrt{1+x^2}} \mathrm{d}(1+x^2) = \sqrt{1+x^2} \Big|_0^1 = \sqrt{2} - 1$.

例 4 设函数 $f(x)$ 在区间 $[-a,a]$ 上连续,证明:

(1) 如果 $f(x)$ 为奇函数时,那么 $\int_{-a}^a f(x) \mathrm{d}x = 0$;

(2) 如果 $f(x)$ 为偶函数时,那么 $\int_{-a}^a f(x) \mathrm{d}x = 2\int_0^a f(x) \mathrm{d}x$.

证明 由定积分可加性,有 $\int_{-a}^a f(x) \mathrm{d}x = \int_{-a}^0 f(x) \mathrm{d}x + \int_0^a f(x) \mathrm{d}x$.

对 $\int_{-a}^0 f(x) \mathrm{d}x$ 作变换 $x = -t$,则 $\mathrm{d}x = -\mathrm{d}t$,并且当 $x = -a$ 时 $t = a$,$x = 0$ 时 $t = 0$.

于是 $\int_{-a}^0 f(x) \mathrm{d}x = \int_a^0 f(-t)(-\mathrm{d}t) = -\int_0^a f(-t)(-\mathrm{d}t) = \int_0^a f(-t) \mathrm{d}t = \int_0^a f(-x) \mathrm{d}x$.

所以 $\int_{-a}^a f(x) \mathrm{d}x = \int_0^a f(-x) \mathrm{d}x + \int_0^a f(x) \mathrm{d}x = \int_0^a [f(-x) + f(x)] \mathrm{d}x$.

(1) 如果 $f(x)$ 为奇函数,即 $f(-x) = -f(x)$,那么 $\int_{-a}^a f(x) \mathrm{d}x = 0$.

(2) 如果 $f(x)$ 为偶函数,即 $f(-x) = f(x)$,那么 $\int_{-a}^a f(x) \mathrm{d}x = 2\int_0^a f(x) \mathrm{d}x$.

利用例 4 的结论(利用定积分的几何意义,已经讲过该结论),可以简化奇(偶)函数在关于原点对称的区间$[-a,a]$上的定积分的计算(在定积分的几何意义中已经有所体现).下面两个例子强化奇(偶)函数在关于原点对称的区间上的定积分的计算.

例 5 计算 $\int_{-1}^{1}\dfrac{x\cos x}{1+x^{6}}\mathrm{d}x$.

解 因为被积函数 $f(x)=\dfrac{x\cos x}{1+x^{6}}$是奇函数,积分区间$[-1,1]$关于原点对称,所以

$$\int_{-1}^{1}\frac{x\cos x}{1+x^{6}}\mathrm{d}x=0 .$$

例 6 计算 $\int_{-2}^{2}(2+x^{2}-7x^{3})\mathrm{d}x$.

解 $\int_{-2}^{2}(2+x^{2}-7x^{3})\mathrm{d}x$ (积分区间$[-2,2]$关于原点对称)

$$=\int_{-2}^{2}(2+x^{2})\mathrm{d}x-\int_{-2}^{2}7x^{3}\mathrm{d}x \quad (被积函数\ 7x^{3}\ 是奇函数,2+x^{2}\ 是偶函数)$$

$$=2\int_{0}^{2}(2+x^{2})\mathrm{d}x+0=2\left(2x+\frac{1}{3}x^{3}\right)\Big|_{0}^{2}=13\frac{1}{3} .$$

例 7 计算 $\int_{0}^{\frac{\pi}{2}}\dfrac{1}{1+\sin x}\mathrm{d}x$.

解法 1 $\displaystyle\int_{0}^{\frac{\pi}{2}}\frac{1}{1+\sin x}\mathrm{d}x=\int_{0}^{\frac{\pi}{2}}\frac{1}{\left(\sin\frac{x}{2}+\cos\frac{x}{2}\right)^{2}}\mathrm{d}x=\int_{0}^{\frac{\pi}{2}}\frac{1}{\left(\tan\frac{x}{2}+1\right)^{2}\cos^{2}\frac{x}{2}}\mathrm{d}x$

$$=2\int_{0}^{\frac{\pi}{2}}\frac{1}{\left(\tan\frac{x}{2}+1\right)^{2}}\mathrm{d}\left(\tan\frac{x}{2}+1\right)=\frac{-2}{\tan\frac{x}{2}+1}\Big|_{0}^{\frac{\pi}{2}}=1 .$$

解法 2 令 $t=\tan\dfrac{x}{2}$,则 $\sin x=\dfrac{2t}{1+t^{2}},\mathrm{d}x=\dfrac{2}{1+t^{2}}\mathrm{d}t$,当 $x=0$ 时,$t=0$,当 $x=\dfrac{\pi}{2}$时,$t=1$.

$$\int_{0}^{\frac{\pi}{2}}=\int_{0}^{1}\frac{2}{1+t^{2}+2t}\mathrm{d}t=2\int_{0}^{1}(1+t)^{-2}\mathrm{d}t=-\frac{2}{1+t}\Big|_{0}^{1}=1 .$$

例 8 已知某化学反应的速度为 $v=ak\mathrm{e}^{-kt}$,其中 a、k 是常数,求反应在时间区间$[0,t_{1}]$内的平均速度.

解 反应在时间区间$[0,t_{1}]$内的平均速度

$$\bar{v}=\frac{1}{t_{1}}\int_{0}^{t_{1}}ak\mathrm{e}^{-kt}\mathrm{d}t=\frac{a}{t_{1}}(1-\mathrm{e}^{-kt_{1}}).$$

3.6.2 分部积分法

与不定积分的分部积分法相似,也有如下定积分的分部积分法.

定理 2 设函数 $u(x)$、$v(x)$在区间$[a,b]$上有连续导数,则有分部积分公式

$$\int_{a}^{b}u(x)\mathrm{d}v(x)=u(x)v(x)\Big|_{a}^{b}-\int_{a}^{b}v(x)\mathrm{d}u(x)$$

或

$$\int_{a}^{b}u(x)v'(x)\mathrm{d}x=u(x)v(x)\Big|_{a}^{b}-\int_{a}^{b}v(x)u'(x)\mathrm{d}x .$$

112

例 9 求 $\int_0^1 \ln(1 + x^2)\,\mathrm{d}x$.

解 $\int_0^1 \ln(1 + x^2)\,\mathrm{d}x = x\ln(1 + x^2)\,\Big|_0^1 - \int_0^1 x \cdot \dfrac{2x}{1 + x^2}\,\mathrm{d}x = \ln 2 - 2\int_0^1 \Big(1 - \dfrac{1}{1 + x^2}\Big)\,\mathrm{d}x$

$$= \ln 2 - 2\,(x - \arctan x)\,\Big|_0^1 = \ln 2 - 2 + \dfrac{\pi}{2} .$$

例 10 求 $\int_0^{\frac{\pi}{2}} \mathrm{e}^x \sin x\,\mathrm{d}x$.

解 $\int_0^{\frac{\pi}{2}} \mathrm{e}^x \sin x\,\mathrm{d}x = \mathrm{e}^x \sin x\,\Big|_0^{\frac{\pi}{2}} - \int_0^{\frac{\pi}{2}} \mathrm{e}^x \cos x\,\mathrm{d}x$

$$= \mathrm{e}^{\frac{\pi}{2}} - \Big(\mathrm{e}^x \cos x\,\Big|_0^{\frac{\pi}{2}} + \int_0^{\frac{\pi}{2}} \mathrm{e}^x \sin x\,\mathrm{d}x\Big) = \mathrm{e}^{\frac{\pi}{2}} + 1 - \int_0^{\frac{\pi}{2}} \mathrm{e}^x \sin x\,\mathrm{d}x .$$

从而 $$\int_0^{\frac{\pi}{2}} \mathrm{e}^x \sin x\,\mathrm{d}x = \dfrac{1}{2}(\mathrm{e}^{\frac{\pi}{2}} + 1) .$$

例 11 求 $\int_0^1 \mathrm{e}^{\sqrt{x}}\,\mathrm{d}x$.

解 该例需先换元,再用分布积分法.

令 $t = \sqrt{x}$,则 $\mathrm{d}x = 2t\mathrm{d}t$,当 $x = 0$ 时 $t = 0$,当 $x = 1$ 时 $t = 1$. 故

$$\int_0^1 \mathrm{e}^{\sqrt{x}}\,\mathrm{d}x = \int_0^1 \mathrm{e}^t 2t\mathrm{d}t = 2\Big(t\mathrm{e}^t\,\Big|_0^1 - \int_0^1 \mathrm{e}^t\mathrm{d}t\Big) = 2(\mathrm{e} - \mathrm{e}^t) = 2 .$$

训练任务 3.6

1. 求下列定积分:

(1) $\int_{\frac{\pi}{3}}^{\pi} \sin\Big(x + \dfrac{\pi}{3}\Big)\,\mathrm{d}x$;

(2) $\int_{-3}^0 \dfrac{x + 1}{\sqrt{x + 4}}\,\mathrm{d}x$;

(3) $\int_{-\frac{\pi}{2}}^{\frac{\pi}{2}} \sqrt{\cos x - \cos^3 x}\,\mathrm{d}x$;

(4) $\int_1^{\mathrm{e}} \dfrac{2 + \ln x}{x}\,\mathrm{d}x$;

(5) $\int_1^2 \dfrac{x^2}{x + 1}\,\mathrm{d}x$;

(6) $\int_0^1 \dfrac{\sqrt{x}}{x^{\frac{3}{2}} + 1}\,\mathrm{d}x$;

(7) $\int_{-2}^2 \mathrm{e}^{-\frac{7}{2}x}\,\mathrm{d}x$;

(8) $\int_1^2 \dfrac{\mathrm{e}^{-\frac{1}{x}}}{x^2}\,\mathrm{d}x$;

(9) $\int_0^1 x\sqrt{1 - x^2}\,\mathrm{d}x$;

(10) $\int_2^3 \dfrac{1}{x\ln x}\,\mathrm{d}x$;

(11) $\int_1^{\mathrm{e}} \dfrac{1 + \ln x}{x}\,\mathrm{d}x$;

(12) $\int_1^{\mathrm{e}^2} \dfrac{1}{x\sqrt{1 + \ln x}}\,\mathrm{d}x$.

2. 求下列定积分:

(1) $\int_0^1 (x - 1)3^x\,\mathrm{d}x$;

(2) $\int_0^{\frac{\pi}{4}} x\sin x\,\mathrm{d}x$;

(3) $\int_0^1 \ln(x + 1)\,\mathrm{d}x$;

(4) $\int_1^3 x\mathrm{e}^{2x}\,\mathrm{d}x$;

(5) $\int_1^5 \ln x\,\mathrm{d}x$;

(6) $\int_1^{\mathrm{e}} x^3 \ln x\,\mathrm{d}x$;

(7) $\int_0^{\frac{\pi}{2}} x\cos 2x\mathrm{d}x$;   (8) $\int_{\frac{1}{e}}^e |\ln x|\mathrm{d}x$.

3.7 广义积分

前面所学的定积分,其积分区间是有限区间,且被积函数是有界函数. 但实际问题中常会遇到积分区间无限或被积函数无界的情形,这时需要推广定积分的概念. 称无限区间上的积分为无穷限积分,称无界函数的积分为瑕积分,两者统称为广义积分,前面所学的定积分叫常义积分.

本节主要研究无穷限积分,下面给出定义.

定义 1 设函数 $f(x)$ 在无限区间 $[a, +\infty)$ 上连续,取 $b > a$. 若极限 $\lim\limits_{b \to +\infty} \int_a^b f(x)\mathrm{d}x$ 存在,则称它为 $f(x)$ 在 $[a, +\infty)$ 上的无穷限广义积分,记作 $\int_a^{+\infty} f(x)\mathrm{d}x$,即

$$\int_a^{+\infty} f(x)\mathrm{d}x = \lim_{b \to +\infty} \int_a^b f(x)\mathrm{d}x,$$

这时也称广义积分 $\int_a^{+\infty} f(x)\mathrm{d}x$ 收敛;若极限 $\lim\limits_{b \to +\infty} \int_a^b f(x)\mathrm{d}x$ 不存在,则称广义积分 $\int_a^{+\infty} f(x)\mathrm{d}x$ 发散,这时虽仍用同样的记号,但已不表示数值了.

类似地,可定义其他形式的无穷限广义积分如下:

$$\int_{-\infty}^b f(x)\mathrm{d}x = \lim_{a \to -\infty} \int_a^b f(x)\mathrm{d}x;$$

$$\int_{-\infty}^{+\infty} f(x)\mathrm{d}x = \int_{-\infty}^0 f(x)\mathrm{d}x + \int_0^{+\infty} f(x)\mathrm{d}x = \lim_{a \to -\infty} \int_a^0 f(x)\mathrm{d}x + \lim_{b \to +\infty} \int_0^b f(x)\mathrm{d}x .$$

需要注意的是,广义积分 $\int_{-\infty}^{+\infty} f(x)\mathrm{d}x$ 收敛是指 $\int_{-\infty}^0 f(x)\mathrm{d}x$ 和 $\int_0^{+\infty} f(x)\mathrm{d}x$ 都收敛, $\int_{-\infty}^0 f(x)\mathrm{d}x$ 和 $\int_0^{+\infty} f(x)\mathrm{d}x$ 有一个发散,广义积分 $\int_{-\infty}^{+\infty} f(x)\mathrm{d}x$ 就发散.

无穷限广义积分是定积分概念的推广. 由于极限号后的积分是普遍意义下的定积分,所以由定义即知,可以沿用定积分的计算方法加上极限的计算方法计算广义积分,即广义积分是常义积分的极限.

例 1 求 $\int_1^{+\infty} \frac{1}{x^3}\mathrm{d}x$.

解 $\int_1^{+\infty} \frac{1}{x^3}\mathrm{d}x = \lim\limits_{b \to +\infty} \int_1^b \frac{1}{x^3}\mathrm{d}x = \lim\limits_{b \to +\infty} \left(-\frac{1}{2x^2}\right)\Big|_1^b = \lim\limits_{b \to +\infty} \left(-\frac{1}{2b^2} + \frac{1}{2}\right) = 0 + \frac{1}{2} = \frac{1}{2}$.

例 2 判断广义积分 $\int_1^{+\infty} \frac{1}{x}\mathrm{d}x$ 的敛散性.

解 $\int_1^{+\infty} \frac{1}{x}\mathrm{d}x = \lim\limits_{b \to +\infty} \int_1^b \frac{1}{x}\mathrm{d}x = \lim\limits_{b \to +\infty} \ln x\Big|_1^b = \lim\limits_{b \to +\infty} (\ln b - \ln 1) = +\infty$,即此广义积分发散.

例 3 判断广义积分 $\int_1^{+\infty} \frac{1}{\sqrt{x}}\mathrm{d}x$ 的敛散性.

解 $\int_1^{+\infty} \frac{1}{\sqrt{x}}\mathrm{d}x = \lim\limits_{b \to +\infty} \int_1^b \frac{1}{\sqrt{x}}\mathrm{d}x = \lim\limits_{b \to +\infty} 2\sqrt{x}\Big|_1^b = \lim\limits_{b \to +\infty} (2\sqrt{b} - 2) = +\infty$,即该广义积分

发散.

综合以上 3 个例子,有一个更一般的结论,即广义积分 $\int_1^{+\infty} \dfrac{1}{x^p}\mathrm{d}x\ (p>0)$:

当 $p>1$ 时,广义积分 $\int_1^{+\infty} \dfrac{1}{x^p}\mathrm{d}x\quad(p>0)$ 收敛.

当 $p\leqslant 1$ 时,广义积分 $\int_1^{+\infty} \dfrac{1}{x^p}\mathrm{d}x\quad(p>0)$ 发散.

上述结论可以直接使用.

例 4 求 $\int_0^{+\infty} \mathrm{e}^{-2x}\mathrm{d}x$.

解
$$\int_0^{+\infty} \mathrm{e}^{-2x}\mathrm{d}x = \lim_{b\to+\infty}\int_0^b \mathrm{e}^{-2x}\mathrm{d}x = -\frac{1}{2}\lim_{b\to+\infty}\int_0^b \mathrm{e}^{-2x}\mathrm{d}(-2x)$$
$$= -\frac{1}{2}\lim_{b\to+\infty}\mathrm{e}^{-2x}\Big|_0^b = \frac{1}{2}.$$

由以上例子可以再次看出,广义积分的计算实际上是分两步进行的:第一步是求出相应的定积分,第二步是求极限. 有时为了方便,可将求极限直接写成定积分的上、下限形式.

例如
$$\int_1^{+\infty} \frac{1}{x^3}\mathrm{d}x = -\frac{1}{2x^2}\Big|_1^{+\infty} = -0+\frac{1}{2} = \frac{1}{2}.$$
$$\int_0^{+\infty} \mathrm{e}^{-2x}\mathrm{d}x = -\frac{1}{2}\mathrm{e}^{-2x}\Big|_0^{+\infty} = -0+\frac{1}{2} = \frac{1}{2}.$$

训练任务 3.7

判断下列广义积分是否收敛,如果收敛,计算广义积分的值:

(1) $\int_0^{+\infty} x\mathrm{e}^{-x^2}\mathrm{d}x$;

(2) $\int_1^{+\infty} \dfrac{1}{x^4}\mathrm{d}x$;

(3) $\int_1^{+\infty} \dfrac{\ln x}{x}\mathrm{d}x$;

(4) $\int_4^{+\infty} \dfrac{1}{\sqrt[3]{x^2}}\mathrm{d}x$;

(5) $\int_1^{+\infty} x\mathrm{e}^{-3x^2}\mathrm{d}x$;

(6) $\int_{-\infty}^{-3} \dfrac{1}{x^2-4}\mathrm{d}x$.

3.8 定积分的应用

与微分学一样,积分学在几何、化学以及现代经济活动中都有着广泛的应用.

3.8.1 定积分的几何应用

积分在几何上的应用可以说是积分学对数学的一个贡献. 它成功地将古时无限分割求和获得一些不规则平面图形面积的方法化为简单数学运算,使积分学成为促进其他学科和社会经济发展的有力工具.

1. 平面图形的面积

根据定积分可知,当 $f(x)\geqslant 0$ 时,由曲线 $y=f(x)$,直线 $x=a$、$x=b$ 及 x 轴所围成的曲边梯形面积为 $S=\int_a^b f(x)\mathrm{d}x$.

当 $f(x)$ 在 $[a,b]$ 上有正有负时,如图 3-6 所示,则 $S=\int_a^b |f(x)|\mathrm{d}x$.

如果平面图形是由两条曲线 $y=f(x)$,$y=g(x)$ 及直线 $x=a,x=b$ 围成,如图 3-7 所

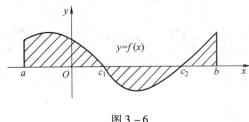

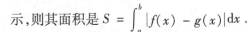

示,则其面积是 $S = \int_a^b |f(x) - g(x)| \mathrm{d}x$.

如果平面图形由曲线 $x = \varphi(y)$,直线 $y = c, y = d$ 与 y 轴围成,则其面积为

$$S = \int_c^d |\varphi(y)| \mathrm{d}y .$$

如果平面图形是由两条曲线 $x = \varphi(y)$, $x = \psi(y)$ 及直线 $y = c, y = d$ 围成,则其面积

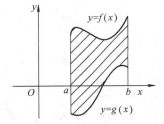

图 3 - 7

是 $S = \int_c^d |\varphi(y) - \psi(y)| \mathrm{d}y$.

求平面图形的面积往往需要画出草图和解方程组. 画出草图的目的是定被积函数,解方程组的目的是定积分的上、下限.

例 1 求由曲线 $y = x^2$ 与 $y^2 = x$ 围成的平面图形的面积.

解 如图 3 - 8 所示,解方程组 $\begin{cases} y = x^2, \\ y^2 = x, \end{cases}$ 得曲线 $y = x^2$ 与 $y^2 = x$ 的交点坐标 $(0,0)$ 和 $(1,1)$. 于是所求面积为

$$S = \int_0^1 (\sqrt{x} - x^2) \mathrm{d}x = \left(\frac{2}{3} x^{\frac{3}{2}} - \frac{1}{3} x^3 \right) \Big|_0^1 = \frac{1}{3} .$$

例 2 求抛物线 $y^2 = 2x$ 与 $y = x - 4$ 围成的平面图形面积.

解 如图 3 - 9 所示,解方程组 $\begin{cases} y^2 = 2x, \\ y = x - 4, \end{cases}$ 得交点坐标是 $(2, -2)$ 和 $(8, 4)$.

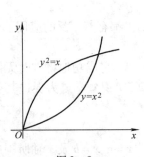

图 3 - 8

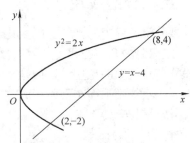

图 3 - 9

解法 1(选 x 作积分变量) $\quad S = S_1 + S_2 = 2 \int_0^2 \sqrt{2x} \mathrm{d}x + \int_2^8 (\sqrt{2x} - x + 4) \mathrm{d}x$

$$= 2\sqrt{2} \cdot \frac{2}{3} x^{\frac{3}{2}} \Big|_0^2 + \left(\frac{2\sqrt{2}}{3} x^{\frac{3}{2}} - \frac{1}{2} x^2 + 4x \right) \Big|_2^8 = 18 .$$

解法 2(选 y 作积分变量) $S = \int_{-2}^{4} \left[(4 + y) - \frac{y^2}{2} \right] \mathrm{d}y = \left(4y + \frac{y^2}{2} - \frac{y^3}{6} \right) \Big|_{-2}^{4} = 18$.

解法 2 是选 y 作积分变量,计算比较简单.

求平面图形的面积熟练以后,若对草图比较熟悉,通常可以不画出草图.

例3 求椭圆的面积.

解 不妨设椭圆方程 $\frac{x^2}{a^2} + \frac{y^2}{b^2} = 1$,则由椭圆的对称性可得其面积

$$S = 4 \int_0^a y \mathrm{d}x.$$

解法 1 $S = 4 \int_0^a y \mathrm{d}x = 4 \int_0^a \sqrt{b^2 \left(1 - \frac{x^2}{a^2} \right)} \mathrm{d}x = \frac{4b}{a} \int_0^a \sqrt{a^2 - x^2} \mathrm{d}x$

$$= \frac{4b}{a} \cdot \frac{1}{4} \pi a^2 = \pi ab.$$

解法 2 因为椭圆的参数方程是 $x = a\cos t, y = b\sin t$,故

$$S = 4 \int_0^a y \mathrm{d}x \xrightarrow[y = b\sin t]{x = a\cos t} 4 \int_{\frac{\pi}{2}}^{0} b\sin t(-a\sin t) \mathrm{d}t = 2ab \int_0^{\frac{\pi}{2}} (1 - \cos 2t) \mathrm{d}t$$

$$= 2ab \left(t - \frac{1}{2}\sin 2t \right) \Big|_0^{\frac{\pi}{2}} = \pi ab.$$

一般地,当曲边梯形的曲边 $y = f(x)$ ($f(x) \geqslant 0, x \in [a, b]$) 由参数方程 $x = \varphi(t)$、$y = \psi(t)$ 给出时,如果 $x = \varphi(t)$ 满足 $\varphi(\alpha) = a, \varphi(\beta) = b, \varphi(t)$ 在 $[\alpha, \beta]$ (或 $[\beta, \alpha]$) 上具有连续导数,$y = \psi(t)$ 连续,则由曲边梯形的面积公式及定积分的换元公式可知,曲边梯形的面积为 $S = \int_\alpha^\beta \psi(t) \varphi'(t) \mathrm{d}t$.

例4 设抛物线 $y^2 = 2x$,与该曲线在点 $\left(\frac{1}{2}, 1 \right)$ 处的法线所围平面图形为 D. 求 D 的面积.

解 由 $2yy' = 2$,得 $y'\big|_{\left(\frac{1}{2}, 1 \right)} = 1$,法线方程为 $y - 1 = -\left(x - \frac{1}{2} \right)$,即

$$x = -y + \frac{3}{2}.$$

由 $\begin{cases} x = -y + \frac{3}{2}, \\ y^2 = 2x, \end{cases}$ 得 $y_1 = -3, y_2 = 1$.

故 $S_D = \int_{-3}^{1} \left(-y + \frac{3}{2} - \frac{y^2}{2} \right) \mathrm{d}y = \frac{16}{3}$.

2. 旋转体的体积

曲线 $y = f(x)$ ($x \in [a, b]$) 绕 x 轴旋转一周成的旋转体如图 3 - 10 所示.

前面用定积分求曲边梯形的面积的方法是先把整体进行分割,在局部范围内,以直边代曲边,求出整体量在局部范围内的近似值,再求和取极限,从而得到整体量. 这种解决实际问题的方法称为微元分析法,简称微元法. 这种方法还可以求旋转体的体积.

分割区间 $[a, b]$,在其中任取一小区间 $[x, x + \Delta x]$,它对应的体积为 ΔV,这个小立体近似于一个圆柱体 $\Delta V \approx \pi f^2(x) \cdot \Delta x = \pi y^2 \mathrm{d}x$. 通过求和,取极限,得到旋转体的体积公式:

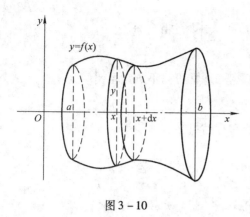

图 3-10

$$V_x = \int_a^b \pi y^2 \, dx = \pi \int_a^b f^2(x) \, dx.$$

曲线 $x = \varphi(y)(y \in [c,d])$ 绕 y 轴旋转而成旋转体体积公式:

$$V_y = \int_c^d \pi x^2 \, dy = \pi \int_c^d \varphi^2(y) \, dy.$$

例 5 求椭圆 $\dfrac{x^2}{a^2} + \dfrac{y^2}{b^2} = 1$ 分别绕 x 轴、y 轴旋转而成的旋转体体积.

解 由椭圆的对称性知,所求体积是由第一象限曲线旋转而成旋转体体积的 2 倍. 绕 x 轴、y 轴旋转的旋转体体积分别为

$$V_x = 2\pi \int_0^a \frac{b^2}{a^2}(a^2 - x^2) \, dx = \frac{2\pi b^2}{a^2}\left(a^2 x - \frac{1}{3}x^3\right) = \frac{4}{3}\pi ab^2,$$

$$V_y = 2\pi \int_0^b \frac{a^2}{b^2}(b^2 - y^2) \, dy = \frac{2\pi a^2}{b^2}\left(b^2 y - \frac{1}{3}y^3\right) = \frac{4}{3}\pi a^2 b.$$

阅读(贝克莱悖论一波未平,油漆匠的话又似是而非) 17 世纪,牛顿与莱布尼茨刚刚发明了微积分的计算方法,正当贝克莱悖论一波未平之时,油漆匠谬言又惊澜再起. 有人计算了下面两个题目:

(1)求双曲线 $xy = 6$,$x = 2$ 与 x 轴之间夹的面积.

(2)求(1)中面积绕 x 轴旋转所得旋转体的体积.

对于(1),曲线 $xy = 6$,$x = 2$ 和 x 轴之间夹的面积为

$$\lim_{b \to +\infty} \int_2^b \frac{6}{x} \, dx = \lim_{b \to +\infty} 6(\ln b - \ln 2) = +\infty;$$

对于(2),此旋转体体积为 $V = \lim\limits_{b \to +\infty} \int_2^b \pi \dfrac{36}{x^2} \, dx = \lim\limits_{b \to +\infty} 36\pi\left(-\dfrac{1}{b} + \dfrac{1}{2}\right) = 18\pi.$

一位油漆工听到这个结果便说:"我虽然不懂得你们的微积分,我只是一个文盲大老粗,但凭我多年的工作经验,我敢判定你们的计算方法是错误的. 因为(1)求得的面积既然是无穷大,那么若让我对这块面积进行着色上漆,必须用无限多的油漆,用有限的油漆显然不够. 然而,这块面积是含在(2)中的那个"喇叭"里,你们既然算出这个大长"喇叭"的体积是有限的 18π,那我用有限的油漆可以灌满你这个"喇叭",也就把那个(1)中无穷面积的阴影区上了油漆,可是我说过,给(1)中这个阴影区上漆需要无限多油漆呀! 由此可以看出,你们的积分法是有矛盾的,不可信."

油漆匠前半段的话说得没错,为(1)中那个无穷大的面积上漆当然需要无穷多的油漆. 事实上,用油漆为一个无穷大的面积着色,确实需要无穷多的油漆,因为每个油漆分子有一定的半径 $r > 0$,这样,即使是上漆时,平面区域上只有一层油漆分子,也会造成耗用(设面积为 S)$2S \times r$ 这么多(立方)的油漆,S 是无穷的,所以确实油漆(1)中面积需要无穷多油漆.

油漆匠后半段的话听起来也似乎在理,可是不正确. 一方面,用油漆灌满(2)中那个喇叭,(1)中的那个面积只是和一些油漆分子相截,不能算对这个平面上了漆;另一方面,(1)中那个面积在(2)中的喇叭内并不占有大于零的体积,对于三维空间体积的度量,它内部任

118

何一平面块(一条直线段或射线或直线)的体积只能说等于0,即点没有长度,直线没有面积,平面没有体积,所以(1)中的那块平面即使你硬说它浸在油漆中就是上了漆,所用的漆也只是零体积. 如此说来,上述积分运算不能被这段油漆匠的话否定.

3.8.2　定积分的化学应用

例6　化工能量衡算中的物理量焓(H)与恒压热容(C_p)的关系为$dH = C_p dT$. 已知30 ℃的空气,流过一垂直安装的热交换器,被加热至150 ℃,若空气的恒压热容$C_p = 1.005$,试求空气体系的焓差.

解　因为
$$dH = C_p dT,$$

所以　　$\Delta H = H(T_2) - H(T_1) = \int_{T_1}^{T_2} C_p dT = \int_{30}^{150} 1.005 dT = 1.005 \times 120 = 120.6.$

例7　已知在$0 \sim 200$ ℃的温度范围内铁的比热c_t与温度t的关系为线性关系,并通过实验测定当$t = 50$时,$c_t = 0.112\,4$,当$t = 100$时,$c_t = 0.167\,2$. 现将温度为20 ℃的铁10 kg加热到100 ℃,试求所需的热量Q.

解　由题意知,$c_t = a + bt$,又从数据(见表3-1)有
$$\begin{cases} a + 50b = 0.112\,4, \\ a + 100b = 0.167\,2. \end{cases}$$

表3-1

t	50	100
c_t	0.112 4	0.167 2

解线性方程组,得$a = 0.105\,3$,$b = 0.000\,142$,所以
$$c_t = 0.105\,3 + 0.000\,142t. \tag{1}$$

物体的比热是单位质量的该物体温度升高1 ℃所需的热量. 由实验表明,此热量随物体的温度改变而改变,如式(1)所示. 根据导数定义,知道
$$c_t = \frac{dQ}{dt},$$

所以,单位质量的物体从温度t_1升到t_2时,所需要的总热量为
$$Q = \int_{t_1}^{t_2} c_t dt. \tag{2}$$

将$t_1 = 20$,$t_2 = 100$及式(1)代入式(2),得
$$Q = \int_{20}^{100} (0.105\,3 + 0.000\,142t) dt$$
$$= 0.105\,3t + 0.000\,071t^2 \Big|_{20}^{100} = 9.106(J).$$

对于10 kg铁,所求的热量等于91.06 J.

例8　已知某物质处在化学分解中,观察时的质量为m_0,该物质的分解速度与本身质量成正比例,求该物质的质量m与分解时间t的函数关系$m = m(t)$.

解　因为该物质分解的速度与本身质量成正比,即(根据已知建立方程)

$$v = \frac{\mathrm{d}m}{\mathrm{d}t} = -km \quad (\text{其中 } k \text{ 是正的常数}),$$

所以

$$\frac{\mathrm{d}m}{m} = -k\mathrm{d}t \quad (\text{分离变量}).$$

由于分解时间是 0 时，该物质的质量是 m_0，分解时间是 t 时，该物质的质量是 m，对上式两端积分

$$\int_{m_0}^{m} \frac{\mathrm{d}m}{m} = \int_0^t (-k)\mathrm{d}t,$$

得

$$\ln m \Big|_{m_0}^{m} = -kt \Big|_0^t,$$

于是所求的解为

$$m = m_0 \mathrm{e}^{-kt}.$$

例9 在化学动力学中，往往用化学反应速率来研究体系的反应规律. 可以用单位时间内反应物浓度的减少量或生成物浓度的增加量来表示平均化学反应速率. 以 $[A]$ 表示反应物 A 的浓度，以 $-\dfrac{\mathrm{d}[A]}{\mathrm{d}t}$ 表示化学反应速率. 反应 $A + B \rightarrow C$ 为二级化学反应. 实验表明，在一定温度下的恒容反应 $A + B \rightarrow C$ 的反应速率与各反应物的浓度的乘积成正比. 已知初始时刻 $t = 0$ 时反应物 A、B 和生成物 C 的浓度分别为 a、b 和 0，求时刻 t 时生成物 C 的浓度（这里设 $a \neq b$）.

解 首先分析浓度关系. 设时刻 t 时生成物 C 的浓度为 x，则从反应式可列出初始时刻及任意时刻 t 时各物质的浓度见表 3 - 2.

表 3 - 2

时间 \ 浓度 \ 物质	A	B	C
$t = 0$	a	b	0
t	$a - x$	$b - x$	x

其次分析反应速率. 以 $-\dfrac{\mathrm{d}[A]}{\mathrm{d}t} = -\dfrac{\mathrm{d}(a-x)}{\mathrm{d}t} = \dfrac{\mathrm{d}x}{\mathrm{d}t}$ 表示反应速率，恰好等于生成物 C 的浓度增加率.

最后求时刻 t 时生成物 C 的浓度. 因为该反应速率与各反应物的浓度的乘积成正比，于是有（根据已知建立方程）

$$\frac{\mathrm{d}x}{\mathrm{d}t} = k(a-x)(b-x) \quad (\text{其中 } k \text{ 为一个常数}),$$

所以

$$\frac{\mathrm{d}x}{(a-x)(b-x)} = k\mathrm{d}t \quad (\text{分离变量}).$$

由于初始时刻 $t = 0$ 时，生成物 C 的浓度为 0，时刻 t 时生成物 C 的浓度为 x，对上式两端

积分

$$\int_0^x \frac{\mathrm{d}x}{(a-x)(b-x)} = \int_0^t k\mathrm{d}t,$$

得

$$\frac{1}{b-a}\ln\frac{b-x}{a-x}\;\Big|_0^x = kt\;\Big|_0^t.$$

于是所求的解为

$$\frac{b-x}{a-x} = \frac{b}{a}\mathrm{e}^{(b-a)kt},$$

或写为

$$x = \frac{b[\mathrm{e}^{(b-a)kt}-1]}{\dfrac{b}{a}\mathrm{e}^{(b-a)kt}-1} = \frac{ab(\mathrm{e}^{bkt}-\mathrm{e}^{akt})}{b\mathrm{e}^{bkt}-a\mathrm{e}^{akt}}.$$

阅读(重建微积分真正有影响的先驱——柯西) 李文林在《数学史概论》中介绍柯西 (A. L. Cauchy,1789—1851,法国数学家)"经过近一个世纪的尝试与酝酿,数学家们在严格化基础上重建微积分的努力到 19 世纪初才开始获得成效.19 世纪分析严格化真正有影响的先驱是法国数学家柯西."

柯西长期担任巴黎综合工科学校教授,他有许多著作都是以工科大学讲义形式面世的. 在分析方法方面,他写出了一系列著作,其中最有代表性的是《分析教程》(*Coursd' analyse de l' Ecole polytechnique*,1821)和《无限小计算教程概论》(*Resume des lecons donnees a l' Ecole Royale polytechnique sur les calcul infinitesimal*,1823). 它们以严格化为目标,对微积分的基本概念,如变量、函数、极限、连续性、导数、微分、收敛等给出了明确的定义,并在此基础上重建和拓展了微积分的重要事实与定理.

柯西的工作向分析的全面严格化迈出了关键的一步. 他的许多定义和论述已经相当接近于微积分的现代形式,像微积分基本定理,几乎与今天的教科书完全一样(区别仅在于现代教科书中为了区别积分号下的积分变量——哑变量与上限变量,往往将 $f(x)\mathrm{d}x$ 换作 $f(t)\mathrm{d}t$. 柯西的研究结果一开始就引起了科学界很大的轰动. 据说柯西在巴黎科学院宣读第一篇关于级数收敛性的论文时,德高望重的拉普拉斯大感困惑,会后急忙赶回家去检查他那五大卷《天体力学》里的级数,结果发现他所用到的级数幸好都是收敛的. 而同一个拉普拉斯,当拿破仑问他为什么五大卷《天体力学》中没有一处提到上帝时,曾傲然答道:"陛下,我不需要这样的假设!"

训练任务 3.8

1. 求下列各题所给曲线围成图形的面积:

(1)$y = \sqrt{x}, y = x$;

(2)$y = x^2, y = 2 - x^2$;

(3)$y = 1 + \sin x, y = \cos x \quad \left(0 \leqslant x \leqslant \frac{3}{2}\pi\right)$;

(4)$y^2 = 4(1+x), y^2 = 4(1-x)$.

2. 求下列旋转体的体积:

(1)$y^2 = 2px, y = 0, x = a$ 围成图形($p > 0, a > 0$)绕 x 轴;

(2) $xy = a^2, y = 0, x = \dfrac{1}{4}, x = 1$ 围成图形绕 x 轴；

(3) $y = x^2, x = y^2$ 围成图形绕 y 轴；

(4) $y = x^3, y = 0, x = 2$ 围成图形绕 x 轴和 y 轴.

3. 一弹簧在压缩 x cm,产生 $4x$ N 的力,求将它从自然长度压缩 5 cm,需做多少功?

4. 半径为 R m 的半球形水池中贮满了水,要把这一池水抽到高 R m 的水塔上,需做多少功?

5. 镭的衰变有如下的规律:镭的衰变速度与它的现存量 R 成正比. 由经验材料得如,镭经过 1 600 年后,只余原始量 R_0 的一半. 试求镭的量 R 与时间 t 的函数关系.

第 3 章能力训练项目

一、单项选择题

1. 设 C 是任意常数,且 $F'(x) = f(x)$,下列等式成立的是( ).

A. $\displaystyle\int F'(x)\,\mathrm{d}x = f(x) + C$ 　　　　B. $\displaystyle\int f(x)\,\mathrm{d}x = F(x) + C$

C. $\displaystyle\int F(x)\,\mathrm{d}x = F'(x) + C$ 　　　　D. $\displaystyle\int f(x)\,\mathrm{d}x = F'(x) + C$

2. 若 $f(x)$ 的一个原函数是 $\cos x$,则 $\displaystyle\int f(x)\,\mathrm{d}x = ($ 　　).

A. $\sin x + C$ 　　　　B. $\cos x + C$ 　　　　C. $-\sin x + C$ 　　　　D. $-\cos x + C$

3. 若 $\displaystyle\int f(x)\mathrm{e}^{\frac{1}{x}}\,\mathrm{d}x = -\mathrm{e}^{\frac{1}{x}} + C$,则 $f(x) = ($ 　　).

A. $\dfrac{1}{x}$ 　　　　B. $-\dfrac{1}{x^2}$ 　　　　C. $-\dfrac{1}{x}$ 　　　　D. $\dfrac{1}{x^2}$

4. 若 $\displaystyle\int f(x)\,\mathrm{d}x = F(x) + C$,则 $\displaystyle\int \mathrm{e}^{-x} f(\mathrm{e}^{-x})\,\mathrm{d}x = ($ 　　).

A. $F(\mathrm{e}^x) + C$ 　　B. $F(\mathrm{e}^{-x}) + C$ 　　C. $-F(\mathrm{e}^x) + C$ 　　D. $-F(\mathrm{e}^{-x}) + C$

5. 下列等式中正确的是(　).

A. $\left[\displaystyle\int f(x)\,\mathrm{d}x\right]' = f(x) + C$ 　　　　B. $\mathrm{d}\displaystyle\int f(x)\,\mathrm{d}x = f(x)\,\mathrm{d}x$

C. $\displaystyle\int f'(x)\,\mathrm{d}x = f(x)$ 　　　　D. $\displaystyle\int \mathrm{d}f(x) = f(x)$

6. 若 $f(x) = \dfrac{\sin x}{x}$,则 $\displaystyle\int f'(x)\,\mathrm{d}x = ($ 　　).

A. $\dfrac{\sin x}{x}$ 　　　　　　　　　　B. $\dfrac{\sin x}{x} + C$

C. $\dfrac{\sin x - x\cos x}{x^2}$ 　　　　　　D. $\dfrac{x\cos x - \sin x}{x^2}$

7. $\displaystyle\int \mathrm{d}\sin(2x) = ($ 　　).

A. $x + C$ 　　　　B. $2\cos 2x + C$ 　　　　C. $\sin 2x$ 　　　　D. $\sin 2x + C$

8. 若 $\displaystyle\int f(x)\,\mathrm{d}x = x^2 + \mathrm{e}^x + C$,则 $f(x) = ($ 　　).

A. $2x + e^x$ B. $x^2 + e^x$ C. $2x + e^x + C$ D. $x^2 + e^x + C$

9. $\int 3^x \mathrm{d}x = ($ $)$.

A. $3^x \cdot \ln 3 + C$ B. $x \cdot 3^{x-1} + C$ C. $\dfrac{3^x}{\ln 3} + C$ D. $3^x + C$

10. $\int x\sqrt{x}\,\mathrm{d}x = ($ $)$.

A. $\dfrac{3}{2}x^{\frac{1}{2}} + C$ B. $\dfrac{2}{5}x^{\frac{5}{2}} + C$ C. $-2x^{\frac{1}{3}} + C$ D. $\dfrac{5}{2}x^{\frac{5}{2}} + C$

11. $\int \cos 2x\,\mathrm{d}x = ($ $)$.

A. $\dfrac{1}{2}\sin 2x + C$ B. $-\dfrac{1}{2}\sin 2x + C$

C. $2\sin 2x + C$ D. $-2\sin 2x + C$

12. $\int \dfrac{1}{1-x}\,\mathrm{d}x = ($ $)$.

A. $\ln|1-x| + C$ B. $\ln(1-x) + C$

C. $-\ln|1-x| + C$ D. $-\ln(1-x) + C$

13. $\int \dfrac{\mathrm{d}x}{\sqrt{1-2x}} = ($ $)$.

A. $2\sqrt{1-2x} + C$ B. $\ln\sqrt{1-2x} + C$

C. $-\sqrt{1-2x} + C$ D. $-\dfrac{1}{2}\ln\sqrt{1-2x} + C$

14. $\int \dfrac{1}{x^2}\mathrm{e}^{\frac{1}{x}}\,\mathrm{d}x = ($ $)$.

A. $\mathrm{e}^{\frac{1}{x}} + C$ B. $\mathrm{e}^{-\frac{1}{x}} + C$ C. $-\mathrm{e}^{-\frac{1}{x}} + C$ D. $-\mathrm{e}^{\frac{1}{x}} + C$

15. $\int x\mathrm{d}\cos x = ($ $)$.

A. $\dfrac{x^2}{2}\cos x + C$ B. $x\cos x + \sin x + C$

C. $x\cos x - \sin x + C$ D. $x\sin x + \cos x + C$

16. 定积分 $\int_a^b f(x)\,\mathrm{d}x$ 是(   ).

A. 正数   B. 负数   C. 任意常数   D. 确定常数

17. 设 $f(x)$ 在区间 $[a,b]$ 上可积,则 $\int_a^b f(x)\,\mathrm{d}x - \int_b^a f(x)\,\mathrm{d}x$ 的值必定等于(   ).

A. 0 B. $-2\int_a^b f(x)\,\mathrm{d}x$ C. $2\int_a^b f(x)\,\mathrm{d}x$ D. $2\int_b^a f(x)\,\mathrm{d}x$

18. 设 $f(x) = \begin{cases} \mathrm{e}^x, & x < 0, \\ x, & x \geq 0, \end{cases}$ 则 $\int_{-1}^2 f(x)\,\mathrm{d}x = ($ $)$.

A. $3 - \mathrm{e}^{-1}$ B. $3 + \mathrm{e}^{-1}$ C. $3 - \mathrm{e}$ D. $3 + \mathrm{e}$

19. $\int_{-2}^4 |x|\,\mathrm{d}x = ($ $)$.

A. $\int_{-2}^{0} x\mathrm{d}x + \int_{0}^{4} x\mathrm{d}x$ B. $\int_{-2}^{0} x\mathrm{d}x + \int_{0}^{4} (-x)\mathrm{d}x$

C. $\int_{-2}^{0} (-x)\mathrm{d}x + \int_{0}^{4} x\mathrm{d}x$ D. $\int_{-2}^{0} (-x)\mathrm{d}x + \int_{0}^{4} (-x)\mathrm{d}x$

20. 设 $\Phi(x) = \int_{0}^{x} \sin t^2 \mathrm{d}t$, 则 $\Phi'(x) = ($).

A. $\sin x^2$ B. $\sin x$ C. $\sin^2 x$ D. $\cos x^2$

21. 设 $\Phi(x) = \int_{x}^{1} \frac{1}{(1+t)^2}\mathrm{d}t$, 则 $\Phi'(x) = ($).

A. $\frac{1}{(1+x)^2}$ B. $-\frac{1}{(1+x)^2}$ C. $-\frac{1}{1+x}$ D. $\frac{1}{1+x}$

22. 下列积分值为 0 的是(   ).

A. $\int_{-1}^{1} x\sin x\mathrm{d}x$ B. $\int_{-1}^{1} (x^2 + \cos x)\mathrm{d}x$

C. $\int_{-1}^{1} x^2\sin x\mathrm{d}x$ D. $\int_{-1}^{1} x^2\cos x\mathrm{d}x$

23. 下列积分值为 0 的是(   ).

A. $\int_{-1}^{1} \frac{e^x + e^{-x}}{2}\mathrm{d}x$ B. $\int_{-1}^{1} \frac{e^x - e^{-x}}{2}\mathrm{d}x$ C. $\int_{-1}^{1} \cos x e^{x^2}\mathrm{d}x$ D. $\int_{-1}^{1} (x^2 + x^3)\mathrm{d}x$

24. 设 $\int_{0}^{a} x^2 \mathrm{d}x = 9$, 则 $a = ($).

A. 3   B. 2   C. 1   D. 0

25. $\int_{0}^{1} x\sqrt{x^2 + 1}\mathrm{d}x = ($).

A. $\sqrt{2}$ B. $2\sqrt{2}$ C. $\frac{2\sqrt{2}-1}{3}$ D. $\frac{2\sqrt{2}+1}{3}$

26. 广义积分 $\int_{1}^{+\infty} \frac{1}{\sqrt{x}}\mathrm{d}x = ($).

A. 0   B. $+\infty$ C. $-\infty$ D. ∞

27. 下列广义积分发散的是(   ).

A. $\int_{e}^{+\infty} \frac{1}{x\ln^2 x}\mathrm{d}x$ B. $\int_{1}^{+\infty} \frac{1}{x^2}\mathrm{d}x$ C. $\int_{1}^{+\infty} \cos x\mathrm{d}x$ D. $\int_{1}^{+\infty} e^{-x}\mathrm{d}x$

28. 由抛物线 $y = x^2$ 和直线 $x = 1, x = 2, x$ 轴围成的曲边梯形面积用定积分表示为(   ).

A. $\int_{1}^{2} x\mathrm{d}x$ B. $\int_{0}^{1} x^2\mathrm{d}x$ C. $\int_{-1}^{2} x^2\mathrm{d}x$ D. $\int_{0}^{2} x^2\mathrm{d}x$

29. 由抛物线 $y = \sqrt{x}$ 与直线 $y = x$ 所围的平面图形的面积 S 等于(   ).

A. $\frac{1}{3}$ B. $\frac{1}{6}$ C. 2   D. 3

30. 由曲线 $y = x^2$, 直线 $y = 1$ 所围的平面图形的面积, 用定积分表示不正确的是(   ).

A. $\int_{0}^{1} (1 - x^2)\mathrm{d}x$ B. $2\int_{0}^{1} (1 - x^2)\mathrm{d}x$

C. $2\int_{-1}^{0} (1 - x^2)\mathrm{d}x$ D. $\int_{-1}^{1} (1 - x^2)\mathrm{d}x$

二、填空题

1. 函数 $f(x) = 3^x$ 的一个原函数是_____.

2. 设 $f(x) = \int \dfrac{1}{\sqrt{1-x^2}}\,dx$，则 $f'(0) =$ _____.

3. 设 $\int f(x)\,dx = \dfrac{1}{1+x^2} + C$，则 $f(x) =$ _____.

4. $\int (\sin x)'\,dx =$ _____.

5. $d\int e^{-x^2}\,dx =$ _____.

6. 若 $f(x)$ 的一个原函数是 $\dfrac{1}{x}$，则 $f'(x) =$ _____.

7. 若 $\int f(x)\,dx = x^2 \cdot e^{2x} + C$，则 $f(x) =$ _____.

8. 若 $\int f(x)\,dx = F(x) + C$，则 $\int \sin x\, f(\cos x)\,dx =$ _____.

9. $\left(\int \sin 2x\,dx \right)' =$ _____.

10. $\int de^{3x-1} =$ _____.

11. 不定积分 $\int (2^x + x^2)\,dx =$ _____.

12. 不定积分 $\int \left(\sqrt{x} - \dfrac{1}{\sqrt{x}} \right)dx =$ _____.

13. 求不定积分 $\int \dfrac{x^2+1}{x}\,dx =$ _____.

14. 不定积分 $\int \dfrac{e^x}{e^x+1}\,dx =$ _____.

15. 求不定积分 $\int x\,de^{-x} =$ _____.

16. 设函数 $f(x)$ 在 $[a,b]$ 上连续，又 $F(x)$ 是 $f(x)$ 的一个原函数，$F(a) = -1, F(b) = -3$，则 $\int_a^b f(x)\,dx =$ _____.

17. 若 $P(x) = \int_x^0 \dfrac{dt}{\sqrt{1+t^2}}$，则 $P'(x) =$ _____.

18. $\dfrac{d}{dx} \int_2^3 \dfrac{e^x}{\sqrt{1+x^2}}\,dx =$ _____.

19. $\int_{-\infty}^0 e^{2x}\,dx =$ _____.

20. $\int_1^{+\infty} \dfrac{1}{x}\,dx =$ _____.

21. 若 $\int f(x)\,dx = \ln|x| + C$，则 $\int_1^2 f(x)\,dx =$ _____.

125

22. $\dfrac{\mathrm{d}}{\mathrm{d}x}\displaystyle\int_a^b x\mathrm{e}^{x^2}\mathrm{d}x = $ _____ .

23. 设 $\varPhi(x) = \displaystyle\int_0^x \mathrm{e}^{t^2}\mathrm{d}t$, 则 $\varPhi'(x) = $ _____ .

24. $\displaystyle\int_{-1}^1 \dfrac{\sin x\cos x}{1 + x^2}\mathrm{d}x = $ _____ .

25. $\displaystyle\int_{-1}^1 x^4\sin x\mathrm{d}x = $ _____ .

26. $\displaystyle\int_0^1 (2 - \sqrt{x}\,)^2\mathrm{d}x = $ _____ .

27. 广义积分 $\displaystyle\int_0^{+\infty} x\mathrm{e}^{-x^2}\mathrm{d}x = $ _____ .

28. $\displaystyle\int_1^{+\infty} \dfrac{1}{x^2}\mathrm{d}x = $ _____ .

29. 由曲线 $y = x^3$ 与直线 $y = 1$、y 轴所围平面图形面积为_____ .

30. 由曲线 $y = x^2$ 与 $y^2 = x$ 所围的平面图形的面积为_____ .

三、计算题

1. 计算下列不定积分：

(1) $\displaystyle\int (1 - 2x^2)\mathrm{d}x$;

(2) $\displaystyle\int \dfrac{\sqrt{x}(x - 3)}{x}\mathrm{d}x$;

(3) $\displaystyle\int \dfrac{\mathrm{d}x}{(2x - 3)^2}$;

(4) $\displaystyle\int \dfrac{x^2}{\sqrt[3]{x^3 - 2}}\mathrm{d}x$;

(5) $\displaystyle\int \sin\dfrac{2}{3}x\mathrm{d}x$;

(6) $\displaystyle\int \dfrac{\mathrm{e}^x}{\mathrm{e}^x + 1}\mathrm{d}x$;

(7) $\displaystyle\int \dfrac{(\ln x)^2}{x}\mathrm{d}x$;

(8) $\displaystyle\int x\sqrt{x + 1}\mathrm{d}x$;

(9) $\displaystyle\int x\cos\dfrac{x}{3}\mathrm{d}x$;

(10) $\displaystyle\int x^2\mathrm{e}^{-x}\mathrm{d}x$;

(11) $\displaystyle\int \ln(x + 1)\mathrm{d}x$;

(12) $\displaystyle\int \mathrm{e}^{2x}\sin x\mathrm{d}x$;

(13) $\displaystyle\int \left(\dfrac{1}{3 + 2x} + \mathrm{e}^x\sin \mathrm{e}^x\right)\mathrm{d}x$;

(14) $\displaystyle\int \dfrac{x}{\sqrt{1 + 3x^2}}\mathrm{d}x$;

(15) $\displaystyle\int \mathrm{e}^x\sqrt{3 + 2\mathrm{e}^x}\mathrm{d}x$;

(16) $\displaystyle\int \dfrac{x}{1 - x^2}\mathrm{d}x$;

(17) $\displaystyle\int \dfrac{1}{1 + \mathrm{e}^x}\mathrm{d}x$;

(18) $\displaystyle\int x^2\ln x\mathrm{d}x$;

(19) $\displaystyle\int x\sin x\mathrm{d}x$;

(20) $\displaystyle\int x\cos x\mathrm{d}x$;

(21) $\displaystyle\int \dfrac{1}{x^2}\ln x\mathrm{d}x$;

(22) $\displaystyle\int x\mathrm{e}^{-2x}\mathrm{d}x$;

(23) $\displaystyle\int \dfrac{x}{\sqrt{x - 2}}\mathrm{d}x$;

(24) $\displaystyle\int \dfrac{1}{1 + \sqrt{x - 3}}\mathrm{d}x$.

2. 计算下列定积分：

$(1) \int_0^1 (2^x + x^2)\,\mathrm{d}x$；

$(2) \int_1^{e^2} \dfrac{1 + \ln x}{x}\,\mathrm{d}x$；

$(3) \int_1^2 \dfrac{x^2}{1 + x}\,\mathrm{d}x$；

$(4) \int_0^1 \dfrac{x\,\mathrm{d}x}{\sqrt{1 + x^2}}$；

$(5) \int_0^\pi \sin^3 x \cos x\,\mathrm{d}x$；

$(6) \int_0^2 \dfrac{\mathrm{d}t}{1 + \sqrt{t}}$；

$(7) \int_0^1 x\mathrm{e}^{-x}\,\mathrm{d}x$；

$(8) \int_0^{\frac{\pi}{2}} x\cos 2x\,\mathrm{d}x$.

$(9) \int_0^4 \dfrac{1}{1 + \sqrt{x}}\,\mathrm{d}x$；

$(10) \int_1^9 \dfrac{\sqrt{x}}{1 + \sqrt{x}}\,\mathrm{d}x$；

$(11) \int_4^9 \dfrac{\sqrt{x}}{\sqrt{x} - 1}\,\mathrm{d}x$；

$(12) \int_0^3 \dfrac{x}{1 + \sqrt{x + 1}}\,\mathrm{d}x$；

$(13) \int_0^4 \dfrac{1}{1 + \sqrt{2x + 1}}\,\mathrm{d}x$；

$(14) \int_1^2 \ln x\,\mathrm{d}x$；

$(15) \int_1^e x\ln x\,\mathrm{d}x$；

$(18) \int_0^\pi x\cos x\,\mathrm{d}x$；

$(17) \int_0^{\frac{\pi}{4}} x\sin 2x\,\mathrm{d}x$；

$(18) \int_0^1 2x\mathrm{e}^{-x}\,\mathrm{d}x$.

3. 求下列各题中平面图形的面积：

（1）由 $y = \sqrt{x}, y = x$ 围成的图形；

（2）由 $y = x^3, y = 1$ 和 $x = 0$ 围成的图形；

（3）由 $y = \cos x$ 在区间 $[0, \pi]$ 上与 x 轴围成的图形；

（4）由 $y = x^2, x + y = 2$ 围成的图形.

第 3 章参考答案

训练任务 3.1

1. $(1) \dfrac{x^3}{3} + C$；　　　$(2) \ln|x| + C$；　　　$(3) \dfrac{1}{\ln 2} 2^x + C$；　　　$(4) \mathrm{e}^x + C$.

2. $\sin x$.

3. $\dfrac{1}{1 - x^2}\mathrm{d}x$.

4. $\sin x + C$.

5. $\dfrac{1}{1 - x^2} + C$.

6. $y = 2\sqrt{x} + x + 2$.

7. 第一种等价说法：$\left(\dfrac{1}{2}x^2\right)' = x$ 或 $\mathrm{d}\left(\dfrac{1}{2}\right)x^2 = x\mathrm{d}x$ （此为求 $\dfrac{1}{2}x^2$ 的导数或微分）.

第二种等价说法：$\displaystyle\int x\mathrm{d}x = \dfrac{1}{2}x^2 + C$ （此为求 x 的不定积分）.

第三种等价说法: $d\left(\dfrac{1}{2}x^2\right)=xdx$ 或 $xdx=d\left(\dfrac{1}{2}x^2\right)$ （此为凑出 $\dfrac{1}{2}x^2$）.

训练任务 3.2

1. $(1)\dfrac{x^2}{2}-2x^{-1}+C$;

$(2)\dfrac{2}{5}x^{\frac{5}{2}}+4\ln|x|-\dfrac{1}{3}x^{-3}+C$;

$(3)\dfrac{8}{5}x^{\frac{5}{2}}+\dfrac{2}{3}x^{\frac{3}{2}}+C$;

$(4)\dfrac{2^x}{\ln 2}-\ln|x|+C$;

$(5)\dfrac{x^2}{2}-2x+\ln|x|+C$;

$(6)\dfrac{4}{7}x^{\frac{7}{4}}+C$;

$(7)\dfrac{x^4}{4}+x^3-\dfrac{3}{2}x^2-9x+C$;

$(8)-6\sqrt{x}+\dfrac{2}{3}x^{\frac{3}{2}}+C$;

$(9)-\dfrac{1}{x}-\dfrac{1}{x^2}-\dfrac{1}{3x^3}+C$;

$(10)\dfrac{1}{2}x^2-2x+C$;

$(11)\dfrac{(3e)^x}{1+\ln 3}-2e^x+C$;

$(12)\dfrac{1}{\ln a}a^x+a^6x+C$;

$(13)\dfrac{x-\sin x}{2}+C$;

$(14)\dfrac{x+\sin x}{2}+C$.

2. $f(x)=\dfrac{3^x}{\ln 3}+x+2-\dfrac{1}{\ln 3}$.

3. $y=2\sqrt{x}+3x$.

4. $-\dfrac{1}{\sin x}+\sin x+C$.

训练任务 3.3

1. $(1)\dfrac{1}{213}(3x+1)^{71}+C$;

$(2)-\dfrac{1}{5(3+5x)}+C$;

$(3)-\dfrac{1}{6}(3x-1)^{-2}+C$;

$(4)-\dfrac{1}{3}(1-2x)^{\frac{3}{2}}+C$;

$(5)\ln(1+x^2)+C$;

$(6)\dfrac{1}{2}\ln|x|+C$;

$(7)\dfrac{1}{2}x^6-x^4+\dfrac{x^2}{2}+C$;

$(8)\dfrac{1}{3}(\sqrt{x}+1)^6+C$;

$(9)2e^{\sqrt{x}}+C$;

$(10)\dfrac{1}{3}e^{x^3+1}+C$;

$(11)-\dfrac{1}{4}e^{-2x^2}+C$;

$(12)\sqrt{1+2e^x}+C$;

$(13)-\dfrac{3}{2}\cos\left(\dfrac{2}{3}x\right)+C$;

$(14)e^{\sin x}+C$;

$(15)\cos\dfrac{1}{x}+C$;

$(16)\dfrac{1}{3}\ln^3 x+C$.

2. $(1)2\sqrt{x}-2\ln(\sqrt{x}+1)+C$;

$(2)-\dfrac{1}{12}(1-4x^2)^{\frac{3}{2}}+C$.

3. $\dfrac{1}{2\sqrt{2}}\arctan\dfrac{x+1}{2\sqrt{2}}+C$.

4. $(1)-x\cos x+\sin x+C$;

$(2)-\dfrac{1}{2}xe^{-2x}-\dfrac{1}{4}e^{-2x}+C$;

$(3)(x-3)e^x+C$;

$(4)(x^2-2x+1)e^x+C$;

$(5)(x-1)e^{x+1}+C;$ $(6)x\sin(x+1)+\cos(x+1)+C;$

$(7)\dfrac{x}{3}\sin 3x+\dfrac{1}{9}\cos 3x+C;$ $(8)(2-x^2)\cos x+2x\sin x+C;$

$(9)\dfrac{1}{2}\left[(x^2+1)\ln(1+x^2)-x^2\right]+C;$ $(10)x\arccos x-\sqrt{1-x^2}+C;$

$(11)\dfrac{1}{2}(x^2+1)\arctan x-\dfrac{1}{2}x+C;$ $(12)\dfrac{1}{5}e^{2x}(2\cos x+\sin x)+C.$

训练任务 3.4

1. $\dfrac{b^3}{3}$.

2. $(1)0;$ $(2)2\pi$.

3. $2ae^{-a^2}\leqslant\displaystyle\int_{-a}^{a}e^{-x^2}\mathrm{d}x\leqslant 2a$.

训练任务 3.5

1. $\dfrac{\sin x}{x}$.

2. $\dfrac{\sin(x+1)}{x+1}$.

3. $\dfrac{\sin 2x}{x}$.

4. $(1)\dfrac{1}{\ln 2}+\dfrac{1}{3};$ $(2)\dfrac{21}{8};$ $(3)\dfrac{a^2}{6};$ $(4)4;$

    $(5)\dfrac{1}{2}+\ln\dfrac{3}{2};$ $(6)\dfrac{\pi}{4};$ $(7)\dfrac{\pi}{2};$ $(8)\dfrac{5}{2}$.

训练任务 3.6

1. $(1)0;$ $(2)-\dfrac{4}{3};$ $(3)\dfrac{4}{3};$ $(4)\dfrac{5}{2};$

    $(5)\dfrac{1}{2}+\ln\dfrac{3}{2};$ $(6)\dfrac{2}{3}\ln 2;$ $(7)\dfrac{2}{7}(e^7-e^{-7});$ $(8)e^{-\frac{1}{2}}-e^{-1};$

    $(9)\dfrac{1}{3};$ $(10)\ln(\ln 3)-\ln(\ln 2);$ $(11)\dfrac{3}{2};$ $(12)2(\sqrt{3}-1).$

2. $(1)\dfrac{1}{\ln 3}-\dfrac{2}{\ln^2 3};$ $(2)\dfrac{\sqrt{2}}{2}\Big(1-\dfrac{\pi}{4}\Big);$ $(3)2\ln 2-1;$ $(4)\dfrac{5}{4}e^6-\dfrac{1}{4}e^2;$

    $(5)5\ln 5-4;$ $(6)\dfrac{1}{16}(3e^4+1);$ $(7)-\dfrac{1}{2}$ $(8)2-\dfrac{2}{e}$.

训练任务 3.7

$(1)\dfrac{1}{2};$ $(2)\dfrac{1}{3};$ (3)发散; (4)发散; $(5)\dfrac{1}{6}e^{-3};$ $(6)\dfrac{1}{4}\ln 5$.

训练任务 3.8

1. $(1)\dfrac{1}{6};$ $(2)\dfrac{8}{3};$ $(3)\dfrac{3}{2}\pi+2;$ $(4)\dfrac{16}{3}$.

2. $(1)\pi pa^2;$ $(2)3\pi a^4;$ $(3)\dfrac{3}{10}\pi;$ $(4)\dfrac{128}{7}\pi;\dfrac{64}{5}\pi$.

3. 0.5.

4. $\dfrac{11}{12} \cdot 10^3 \pi g R^4$.

5. $R = R_0 e^{-0.000\,433t}$，时间以年为单位.

第3章能力训练项目

一、单项选择题

1. B．　　2. B．　　3. D．　　4. D．　　5. B．　　6. B．　　7. D．　　8. A．

9. C．　　10. B．　　11. A．　　12. C．　　13. C．　　14. D．　　15. C．　　16. D．

17. C；　　18. A；　　19. C；　　20. A；　　21. B；　　22. C；　　23. B；　　24. A；

25. C；　　26. B；　　27. C．　　28. C；　　29. B；　　30. A．

二、填空题

1. $\dfrac{1}{\ln 3} 3^x$.　　　　　2. 1.　　　　　3. $-\dfrac{2x}{(1+x^2)^2}$.　　　　　4. $\sin x + C$.

5. $e^{-x^2} dx$.　　　　　6. $\dfrac{2}{x^3}$.　　　　　7. $2x(1+x)e^{2x}$.　　　　　8. $-F(\cos x) + C$.

9. $\sin 2x$.　　　　10. $e^{3x-1} + C$.　　　　11. $\dfrac{2^x}{\ln 2} + \dfrac{x^3}{3} + C$.　　　　12. $\dfrac{2}{3} x \sqrt{x} - 2\sqrt{x} + C$.

13. $\dfrac{x^2}{2} + \ln|x| + C$.　　14. $\ln(1+e^x) + C$.　　15. $(x+1)e^{-x} + C$.　　16. -2.

17. $-\dfrac{1}{\sqrt{1+x^2}}$.　　18. 0.　　　　　19. $\dfrac{1}{2}$.　　　　　20. $+\infty$.

21. $\ln 2$.　　　　22. 0.　　　　　23. e^{x^2}.　　　　　24. 0.

25. 0.　　　　　26. $\dfrac{11}{6}$.　　　　27. $\dfrac{1}{2}$.　　　　28. 1.

29. $\dfrac{3}{4}$.　　　　30. $\dfrac{1}{3}$.

三、计算题

1. $(1)\ x - \dfrac{2}{3} x^3 + C$;

$(2)\ \dfrac{2}{3} x^{\frac{3}{2}} - 6x^{\frac{1}{2}} + C$;

$(3)\ \dfrac{1}{2(3-2x)} + C$;

$(4)\ \dfrac{1}{2}(x^3-2)^{\frac{2}{3}} + C$;

$(5)\ -\dfrac{3}{2} \cos \dfrac{2}{3} x + C$;

$(6)\ \ln(1+e^x) + C$;

$(7)\ \dfrac{1}{3} \ln^3 x + C$;

$(8)\ \dfrac{2}{5}(x+1)^{\frac{5}{2}} - \dfrac{2}{3}(x+1)^{\frac{3}{2}} + C$;

$(9)\ 3x\sin \dfrac{x}{3} + 9\cos \dfrac{x}{3} + C$;

$(10)\ -(x^2+2x+2)e^{-x} + C$;

$(11)\ (1+x)\ln(1+x) - x + C$;

$(12)\ \dfrac{e^{2x}}{5}(2\sin x - \cos x) + C$;

$(13)\ \dfrac{1}{2} \ln|3+2x| - \cos e^x + C$;

$(14)\ \dfrac{1}{3} \sqrt{1+3x^2} + C$;

$(15)\dfrac{1}{3}(3+2e^x)^{\frac{3}{2}}+C;$ $(16)-\dfrac{1}{2}\ln|1-x^2|+C;$

$(17)x-\ln(1+e^x)+C;$ $(18)\dfrac{x^3}{3}\ln x-\dfrac{x^3}{9}+C;$

$(19)-x\cos x+\sin x+C;$ $(20)x\sin x+\cos x+C;$

$(21)-\dfrac{1}{x}\ln x-\dfrac{1}{x}+C;$ $(22)-\dfrac{1}{2}xe^{-2x}-\dfrac{1}{4}e^{-2x}+C;$

$(23)\dfrac{2}{3}(x-2)^{\frac{3}{2}}+4(x-2)^{\frac{1}{2}}+C;$ $(24)2\sqrt{x-3}-2\ln(1+\sqrt{x-3})+C.$

2. $(1)\dfrac{1}{\ln 2}+\dfrac{1}{3};$ $(2)4;$ $(3)\dfrac{1}{2}+\ln\dfrac{3}{2};$ $(4)\sqrt{2}-1;$

$(5)0;$ $(6)2\sqrt{2}-2\ln(1+\sqrt{2});$ $(7)1-\dfrac{2}{e};$ $(8)-\dfrac{1}{2};$

$(9)4-2\ln 3;$ $(10)4+2\ln 2;$ $(11)7+2\ln 2;$ $(12)\dfrac{5}{3};$

$(13)2-\ln 2;$ $(14)2\ln 2-1;$ $(15)\dfrac{e^2+1}{4};$ $(16)-2;$

$(17)\dfrac{1}{4};$ $(18)2\left(1-\dfrac{2}{e}\right).$

3. $(1)\dfrac{1}{6};$ $(2)\dfrac{3}{4};$ $(3)2;$ $(4)\dfrac{9}{2}.$

参 考 文 献

[1] 张顺燕. 数学的思想、方法和应用[M]. 北京:北京大学出版社,2003.

[2] 张顺燕. 数学的源与流[M]. 北京:高等教育出版社,2001.

[3] 王树禾. 数学演义[M]. 北京:科学出版社,2004.

[4] 胡农. 高等数学[M]. 北京:高等教育出版社,2006.

[5] 上海师范大学数学系,中山大学数学力学系,上海师范学院数学系. 高等数学[M]. 北京:高等教育出版社,1990.

[6] 陈炳,许宁. 化学反应过程与设备[M]. 北京:化学工业出版社,2003.

[7] 刘金冷. 大学数学[M]. 北京:电子工业出版社,2007.

[8] 同济大学数学教研室. 高等数学[M]. 北京:高等教育出版社,1997.

[9] 韩松. 高等数学习题集[M]. 北京:科学技术文献出版社,2001.

[10] 邹本腾. 高等数学辅导[M]. 北京:科学技术文献出版社,2001.

[11] 黄一石,吴朝华,杨小林. 仪器分析[M]. 北京:化学工业出版社,2009.